全国中等职业技术学校园林绿化专业教材

园林植物生产技术

（第二版）

马建伟　主编

中国劳动社会保障出版社

图书在版编目(CIP)数据

园林植物生产技术/马建伟主编. —2 版. —北京：中国劳动社会保障出版社，2013
ISBN 978-7-5167-0624-4

Ⅰ.①园…　Ⅱ.①马…　Ⅲ.①园林植物-观赏园艺　Ⅳ.①S688

中国版本图书馆 CIP 数据核字(2013)第 320243 号

中国劳动社会保障出版社出版发行
（北京市惠新东街 1 号　邮政编码：100029）

*

三河市华骏印务包装有限公司印刷装订　新华书店经销
787 毫米×1092 毫米　16 开本　11.25 印张　213 千字
2014 年 1 月第 2 版　2024 年 7 月第 3 次印刷
定价：20.00 元
营销中心电话：400－606－6496
出版社网址：http: // www.class.com.cn
http: // jg.class.com.cn

简介

本教材为全国中等职业技术学校园林绿化专业教材，由人力资源和社会保障部教材办公室组织编写。

教材按照理实一体化教学理念，以植物生产工艺和生产流程为主线，详细讲解了园林植物繁殖、抚育、掘起等阶段的生产基本技能，再通过典型苗木和花卉生产全过程的讲解和实训，将这些基本技能串连起来，使学生对植物生产过程有一个全面的认识。编写中，相关理论知识被有机地融合到植物生产的实际过程中，真正做到了“学中做，做中学”。每章后的“思考练习题”可以帮助学生进一步巩固所学知识和技能。

教材配有电子课件，可登录 www.class.com.cn 在相应的书目下载。

本教材由马建伟任主编，楼国富、王红英、章燕玉、陈亮、宋晓军、陈高仁、陈汉民参加编写，卜复鸣审稿。

目录

CONTENTS

绪 论

一、课程的性质、内容与任务

园林植物是指在各地园林绿地中露地栽植应用的植物，包括各种树木、花卉和草坪植物。树木在苗圃培育时称为苗木。《园林植物生产技术》是论述园林植物繁殖、培育的应用性课程，内容包括园林植物的园艺分类，圃地整理及栽培基质处理；园林植物繁殖方法及其操作、抚育管理措施及其操作、修剪整形及其操作、起掘出圃及其操作等技术环节；以及与生产过程密切相关的生产设施和工具的应用与维护等。

《园林植物生产技术》是园林绿化专业的重要专业课之一，具有很强的实践性和知识性。根据理论与实践一体化的教学理念，教学内容以园林植物生产的操作过程为主线，辅以必要的相关知识。在学习本课程时，需要掌握的相关知识涉及《植物及植物生理学》《土壤肥料学》《苗圃学》《花卉栽培学》《草坪学》和《园林机具》等学科领域以及生产设施的知识。在教学过程中必须做到教与学互动，理论与实践相结合，使学生在掌握园林植物生产技能的同时掌握必需的相关知识。

二、园林植物的生态作用

园林绿化在城市建设中具有重要地位。园林绿化不仅能起到美化环境的作用，更有巨大的生态作用。园林植物通过自身的形态、色彩、姿态、香味和通过人工的各种组合（植物配植）创造优美环境，使人们在美好的环境中工作和生活。更重要的是通过城市绿化，能有效地改善城市环境，保持城市生态平衡。园林植物的生态作用主要表现在以下几个方面：

1. 改善环境的作用

（1）改善空气质量。园林植物改善空气质量的作用是与其生命活动紧密相关的综合作用，主要表现在以下几个方面：

1）园林植物能提高城市空气中的负氧离子浓度。负氧离子能促进人体新陈代谢、预防流感、增强机体抗病能力。

2）园林植物生命活动过程中的代谢产物，有些能分泌到空气中，其中的一些成分具有杀菌、杀虫的效果，从而降低空气中有害微生物的含量。

3）园林植物在吸收CO_2的同时能吸收空气中的有毒气体，起到降低空气中有毒气体含量的作用。

4）园林植物像一面巨大的筛子，带有尘埃的空气通过时，大量的尘埃粒子能被阻滞下来，起到减少空气含尘量的作用。

（2）蔽日降温。园林植物通过吸收光能，起到降温的作用。尤其是园林树木的蔽日降温效果更为明显，如树冠高大的银杏、悬铃木，在气温高于35℃时，其降温效果在4℃左右。

（3）提高空气湿度。园林植物在生长旺盛时期，根系从土壤中吸收大量的水分，这些水分通过蒸腾作用从叶片表面以水蒸气的形式扩散到空气中，极大地增高了空气的湿度。

（4）改善光质。园林植物光合作用仅吸收太阳光中可见光谱的红橙光和蓝紫光，而反射和透过绿光。绿色会给人以清新、平静、安逸、柔和的感觉，有利于人们的身心健康。

（5）减弱噪声。园林植物的植物体具有吸收声波的能力，可有效地降低噪声对人的危害。

2. 保护环境的作用

（1）保持水土，涵养水源。地面植被截留降水，减少地表径流的作用可有效地阻止水土的流失，尤其是山林植被不仅能层层截留降水，减少地表径流，减少雨水对土壤表面的直接冲刷，达到保持水土的作用，而且其根系在土壤中的分布也有利于降水向土层深处渗透，达到涵养水源的作用。

（2）防风固沙。树木对空气流动具有阻力，由树木种植成的防风林，具有明显的降低风速的作用。密度适宜的防风林，其有效防护距离可达树林高的20倍。在降低风速的同时，树木的根系以及地表的地被植物能将沙土紧紧裹住，地被植物更能起到阻挡风对表层沙土的直接吹刷，起到固定沙土的作用。

（3）监测大气污染。空气中存在有毒气体时，一些敏感植物会表现出受害症状，依据这些植物表现出的典型症状可以起到监测大气污染及其污染程度的作用。

（4）抗燃。植物体内含有水分，有阻燃的作用。一些园林树木具有厚的木栓层和厚的叶片及其角质层，能有效地迟滞燃烧，是优良的抗燃树种，如珊瑚树、栎类等。

（5）抗辐射。树木有吸收和反射核辐射的能力，具有显著的抗辐射作用，如栎类。

三、园林植物生产的一般方法与发展趋势

我国幅员辽阔，从南到北跨越三个气候带，气温差异甚大，各地园林植物种类繁多，表现出明显的地域差异。同时，在长期的生产实践过程中，无论是苗木生产还是

花卉栽培均积累了丰富的实践经验。传统的生产方法尽管各地区有很大的不同，但始终没有离开过土地和简单农具，新品种和新技术的应用进展非常缓慢。自 20 世纪 80 年代以来，随着改革开放的不断深入，先进生产设施和工具的普遍应用，园林植物生产技术得到了长足的发展，园林植物品种的引种更新很快，尤其是花卉新品种的应用，极大地提高了花卉的观赏价值。另外，为了体现地方特色，使园林植物适应当地环境，更好地发挥其综合功能，大量乡土植物得到开发利用。所以，教学中不仅要传授园林植物生产的基本方法，还要介绍或引入新技术和新设施、新工具在生产中的应用，使学生能切实掌握生产技能，达到具有从事园林植物生产本领的教学目的。

四、学习本课程的方法

要学习和掌握园林植物生产技术，除了掌握相关知识外，更重要的是要注重操作技能的全面训练，通过学习和实际操作，才能真正掌握园林植物生产技能。本教材力图体现这一教学宗旨，在“园林植物生产相关知识”“园林植物生产基本操作”和“园林植物生产全过程”中穿插了多达 48 项实训，为掌握和提高园林植物生产技能提供了较完善的平台。

第一章　园林植物生产相关知识

学习目标

◆了解园林植物的分类方法，熟悉园林植物生产常用的工具及生产设施

◆掌握土壤和栽培基质的相关知识

◆通过实训掌握有关土壤作业和基质配制的基本操作技能，并能独立承担这些工作

第一节　园林植物园艺分类

世界上有植物资源约50万种，目前应用于园林的植物不到总量的1%，而一个局部地区一般只有数百种而已。为了更好地应用现有园林植物和开发园林植物资源，了解园林植物的园艺分类是必要的。园林植物园艺分类是指根据园林绿化工作之需、便于分类应用而对园林植物进行的分类。通常有以下几种分类方法和系统。

一、依据园林用途分类

不同生物学特性的园林植物，如木质化程度、植物体高度、茎是否直立生长等，在园林绿化中发挥着不同的功能。依据园林植物在园林中的不同用途，可以将园林植物分为园林树木、花卉和地被植物三类。

1. 园林树木

园林树木是木本的园林植物，茎的木质化程度高，体量相对于花卉而言更大，在园林植物配植中起骨干作用。

（1）主景树。主景树多选用树形优美的高大乔木，如银杏、雪松等。

（2）林植或丛植树。林植或丛植树多为高大乔木，如香樟、枫香等。

（3）行道树或庭荫树。行道树或庭荫树多为树冠高大、生长较快、适应性强的高大乔木，如悬铃木、槐树等。

（4）绿篱树。绿篱树多为分枝密集、叶片较细小、耐修剪的小乔木或灌木，如大叶黄杨、小蜡等。

（5）攀缘绿化树。攀缘绿化树多为具有攀缘能力的树木，如以卷须攀缘于棚架的葡萄，以茎缠绕于棚架的紫藤，以吸盘爬于墙面的爬山虎，以不定根吸附于墙面的常

春藤、凌霄等。

2. 花卉

花卉通常指茎非木质化（茎草质或少数为肉质）的园林植物，体量相对于园林树木而言较小，其花较大而艳丽（少数为叶或果，具观赏性），在园林植物配植中主要起美化环境作用。

（1）花坛花卉。花坛花卉是用于布置花坛的花卉，一般为一二年生或作一二年生栽培的花卉，要求株形、个体大小、花色、花期等性状一致，如羽衣甘蓝、万寿菊等。

（2）花境花卉。花境花卉是用于配植花境的花卉，多为多年生的球宿根花卉，株形、个体大小、花色、花期等性状可以不一致，如鸢尾、萱草等。

（3）攀缘花卉。茎细长而攀缘于其他物体上生长的花卉，可美化墙垣、栅栏等，如茑萝、牵牛等。

3. 地被植物

在园林植物配植中起覆盖裸露地面作用的园林植物称为地被植物。地被植物在园林植物配植中起补充作用，主要包括草坪植物、草本地被植物、木本地被植物。

（1）草坪植物。用于覆盖大面积供人们游憩活动的地面的耐践踏草本园林植物称为草坪植物，如结缕草、狗牙根等。

（2）草本地被植物。用于覆盖林下裸露地面非人们活动区域的不耐践踏草本园林植物，如白车轴草、红花酢浆草等。

（3）木本地被植物。用于覆盖非人们活动区域的不耐践踏木本园林植物。这类植物或低矮直立，如紫金牛，或匍匐地面生长，如洋常春藤。

二、依据植物生活型分类

生活型是植物长期适应外界环境而形成的植物类型，包括木本植物、草本植物和肉质植物。

1. 木本植物

茎木质化的植物称为木本植物，可分为乔木、灌木、藤木和竹类四大类。

（1）乔木。指具有显著主干的直立木本植物，有常绿和落叶之分。前者如龙柏、香樟等，后者如金钱松、白玉兰等。

（2）灌木。指茎直立呈丛生状的直立木本植物，有常绿和落叶之分。前者如南天竹、八角金盘等，后者如迎春花、棣棠等。

（3）藤木。指茎不能直立生长的木本植物，有常绿和落叶之分。前者如常春藤、扶芳藤等，后者如紫藤、凌霄等。

（4）竹类。指具根状茎（竹鞭）而茎节间中空而无增粗生长的木本植物，如毛竹、孝顺竹和方竹等。

2. **草本植物**

茎草质（非木质化）的植物称为草本植物，根据其生命周期的长短，分为一二年生花卉和多年生花卉。

（1）一二年生花卉

1）一年生花卉：指生命周期在一年之内完成的花卉，即在春季播种秋冬季果实成熟而植株枯亡的花卉，如百日草、凤仙花等。

2）二年生花卉：指生命周期跨越二个年度的花卉，即在秋季播种春夏季果实成熟而植株枯亡的花卉，如三色堇、羽衣甘蓝等。

（2）多年生花卉。指生命周期延续多年的花卉，包括形态特征正常和部分营养器官发生变态转入地下的两类花卉。

1）形态特征正常的多年生花卉：该类花卉分为地上部分终年常绿型和不良生长期地上部分枯亡型（宿根花卉）两类。前者如广东万年青、君子兰等。后者地上部分枯亡，以正常根器官度过不良生长季节，如菊花、萱草等。

2）部分营养器官发生变态转入地下的多年生花卉：该类花卉的地上部分在不良生长期枯亡，部分营养器官转入地下，形态发生变化，成为度过不良生长期的休眠器官。根据休眠器官的不同，分为以下几类：

①块根花卉：块根花卉是指地上部分枯亡，以肥大的侧根或不定根度过不良生长期的花卉，如大丽花、花毛茛等。

②鳞茎花卉：鳞茎花卉是指地上部分枯亡，以地下部分的茎极短缩形成鳞茎盘，其上的叶变态为肉质多浆的鳞片包裹成球形，即形成鳞茎度过不良生长期的花卉，如石蒜、百合等。

③球茎花卉：球茎花卉是指地上部分枯亡，以地下部分的茎短缩肥大成球形，叶退化为膜质，即形成球茎度过不良生长期的花卉，如小苍兰、慈姑等。

④块茎花卉：块茎花卉是指地上部分枯亡，以肥大的地下茎，即形成块茎度过不良生长期的花卉，如海芋、马蹄莲等。

⑤根茎花卉（或称根状茎花卉）：根茎花卉是指地上部分枯亡，以肥大的根状茎度过不良生长季节的花卉，如荷花、美人蕉等。

3. **肉质植物**

茎、叶、根或它们中的两部分组织中贮藏大量水分，外形上显得肥厚多汁的植物称为肉质植物，也称为多浆植物或多肉植物。

肉质植物多为旱生植物，如仙人掌类，但也有少数植物并非如此，如凤仙花。因

此，有的书籍上称肉质植物为沙漠植物或沙生植物是不确切的，沙漠植物也有非肉质的植物。

三、依据观赏特性分类

植物的整体或器官给人们的感觉器官带来刺激并产生快乐观即为其观赏特征。根据园林植物的观赏性不同，可分为以下几类：

1. 观花植物

观花植物是其花或花序具有较高观赏价值的园林植物，如荷花和菊花的花形大而华丽，山茶花和杜鹃花的花繁多艳丽，桂花和茉莉的花芳香等。

2. 观果植物

观果植物是其果实具有较高观赏价值的园林植物，如火棘和枸骨的果红艳，柚子的果硕大，佛手的果奇特等。

3. 观叶植物

观叶植物是叶具有较高观赏价值的园林植物，如叶形优美的鸡爪槭，叶色红艳的红叶李，叶面具花斑的洒金东瀛珊瑚，秋叶转色的枫香，嫩叶鲜红的山麻杆等。

4. 观形植物

观形植物是树形优美的园林植物，如雪松、金钱松等。

5. 观姿态植物

观姿态植物是姿态优美的园林植物，如龙爪槐、垂柳等。

四、依据经济用途分类

植物的整体或一部分对人们而言具有利用价值的园林植物称为经济植物。根据其利用价值的不同，可分为以下几类：

1. 药用植物

药用植物是具有药用价值的园林植物，如芍药、金银花等。

2. 香料植物

香料植物是能够提炼香料的园林植物，如桂花、月季花的一些品种等。

3. 淀粉植物

淀粉植物是其果实或种子中的淀粉含量较高的园林植物，如壳斗科植物。

4. 油料植物

油料植物是其果实或种子中的油脂含量较高的园林植物，如油茶、乌桕等。

5. 纤维植物

纤维植物是其韧皮纤维较发达的园林植物，如结香、木槿等。

第二节　园林植物生产常用工具及设施

传统生产形式下的园林植物生产工具以简易农具为主，设施也非常简单。随着科学技术的不断进步，生产工具得到不断改进，工人的劳动强度不断降低，生产设施也更能满足植物生长的要求。

为了掌握园林植物生产技术，学生必须掌握常用生产工具的使用和维护，了解生产设施及其作用。

一、生产工具

园林植物生产离不开相应的生产工具。由于园林植物众多，生产方式也因植物种类而异，所用工具也因操作不同而不同，即使是同一种工具，如锄头，会因地区不同和作业土质不同而有大小和形状的差异。

1. 简单工具

所谓简单工具，是指一些简易农具和手动工具，如锄头、铁锹、起树铲、剪刀、嫁接刀和手锯。

(1) 锄头、铁耙和括子。锄头、铁耙和括子是常用的土壤作业工具，其中锄头和铁耙主要由柄、铁件、凹砧、楔砧四个部分组装而成，而括子则更简单，只要柄端粗细适合，插入铁件的接柄环中即可（图 1—1）。

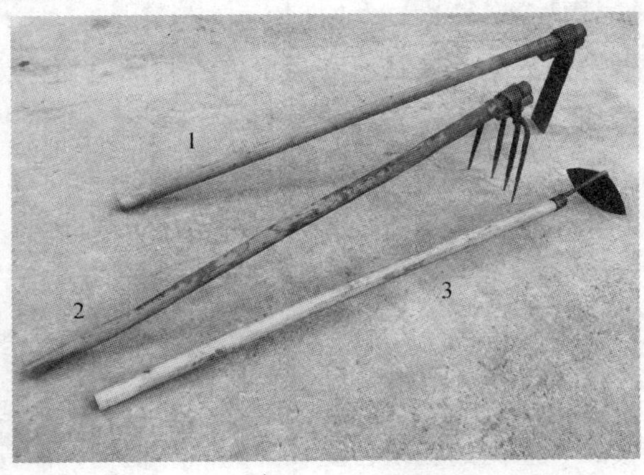

图 1—1　锄头、铁钯和括子

1—锄头　2—铁钯　3—括子

1）结构：柄的长短要合适，一般以与使用者的身高相近为比较合适，粗细以手握时合适为宜，一般直径为4～5厘米。柄应整体通直，既可以用木柄，也可以用竹柄。如用木柄，应使用硬质木料，如檀木等。竹柄一般选淡竹竿为宜，基部要带根蒂，此部位节密而强度大，适合作为安装铁件部位。竹竿基部直径与竿身应大致相同，两端锯口均必须以竹节关闭。作柄用的竹竿如果弧度过大，应熏烤整直后使用。如组装铁耙，可根据使用情况用木柄或竹柄安装。安装木柄的一般多用在土质硬、砾石多的土壤作业，而安装竹柄的用于一些土质松的土壤作业。由于竹柄铁耙的重量轻又略有弹性，因此使用时比木柄铁耙轻松些。

2）安装

①柄的准备：安装前，应将柄的两端搁起，任柄自由转动至自然静止找到柄在横搁时重心向下的一面，在与锄头等装配时，将重心向下一面的安装铁件端削一平面（平面长宽可比较楔砧而定），另一面与接柄环内弧吻合。

②楔砧的准备：楔砧用于砧紧铁件与柄的连接，应选质地柔韧且较硬的木料（如檀木）制作。楔砧长度一般在8～9厘米，一面为平面，另一面朝上一端的60%削成斜面，表面粗糙度合适，宽度略小于接柄环直径。

③凹砧的准备：凹砧选料与楔砧相同，制作成长度4～5厘米，厚度2厘米左右，宽度略小于接柄环直径，中部一面有一深约1厘米的凹槽。其作用是增加楔砧的接触面积，加大摩擦因数，使铁件不易滑脱。

④安装

第一步：先将凹砧凹面朝向铁件的作业部分装入接柄环。

第二步：将一小块大小合适的厚布，垫在柄安装铁件一端的圆弧上面（增加摩擦力以防在使用时铁件滑脱），并将柄插入接柄环内，向前略伸出2～3厘米。

第三步：将楔砧平面一面朝向柄，插入柄与凹砧之间，再竖起铁件用力向下砧入（砧紧时楔砧留出1厘米为紧密度合适，在使用时，待略有松动时再次砧入）。锄头的组件和安装好的锄头如图1—2所示。

3）使用

①锄头作业部分的基部较厚，渐向前端逐渐变薄，主要用于掘土、翻耕，还可用于开沟和一般性除草。

②铁耙的作业部分由若干长齿组成，最常用的为四齿耙，也有二齿耙和多齿耙（六齿耙和九齿耙）。齿有圆齿和扁齿之分，圆齿比扁齿的强度高。四齿耙多为扁齿，一般用于对沙质土的土壤作业。二齿耙一般为圆齿，多用于对土质较硬的土壤作业，还可用于开荒和砾石较多的地方。多齿耙一般多为细圆齿，主要用于耙平圃地和整畦。

③括子的作业部分为扇面，比锄头薄，且整个作业面的厚薄近等，用于清除圃地上的杂生灌木、杂草，表面松土等。

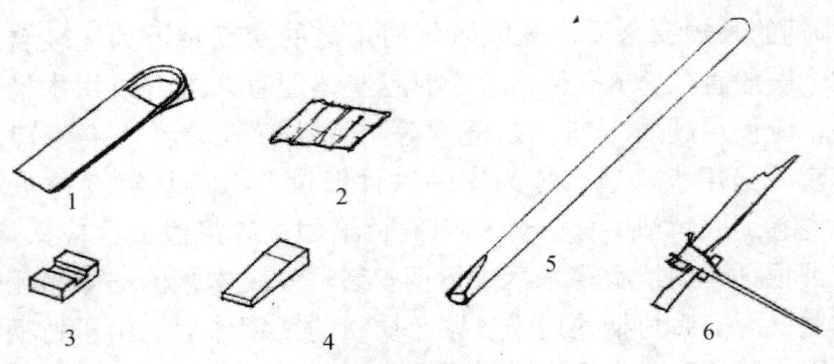

图 1—2　锄头组件

1—铁件　2—垫布　3—凹砧　4—楔砧　5—柄　6—安装好的锄头

(2) 铁锹。铁锹由木柄和铁件组成，柄长 1.5～1.8 米，粗 4～5 厘米，用硬木制成。铁件的作业部分为一铁片，有圆口和方口之分（图 1—3），前者的铁片先端略成圆弧状，后者的铁片平截而两侧上翘，在使用时可根据土质和用途加以选择。铁锹一般用于开沟、翻土、挖坑等。

铁锹的安装比较简单，先根据锹柄安装孔大小将木柄的安装一端削至合适粗细，再将木柄砧入安装孔中，并用铁钉固定即可。

(3) 起树铲。起树铲又名起树刀，为铁铸件，工作件前端工作面一般宽 13 厘米，刃口较锋利，后端柄铸有一截可安装木柄的长约为前端 2～3 倍的环套。木柄的安装与铁锹柄安装相同，也有为增加自重便于操作而直接焊接镀锌铁管作柄的。安装好的起树铲连柄长约 1.2～1.5 米，柄可略比铁锹柄粗些（图 1—4）。

图 1—3　铁锹

a) 平头锹　b) 圆头锹

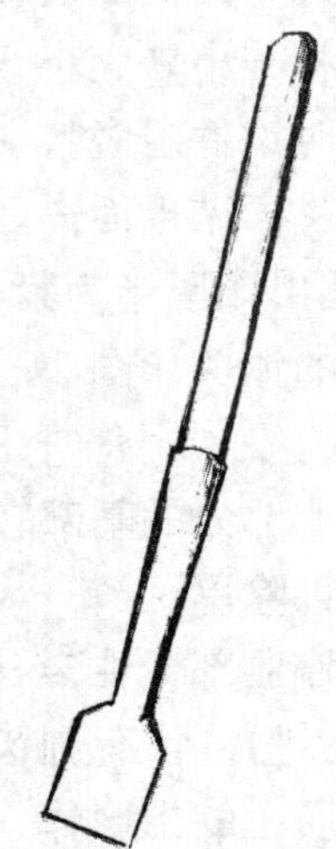

图 1—4　起树铲

起树铲的作用主要是用于起掘树木时修整泥球、截断侧根，也可作开沟、起草皮等用。

（4）剪刀。园林绿化工使用的剪刀有剪枝剪（图 1—5）、绿篱剪（图 1—6）、高枝剪（图 1—7）三类。剪枝剪用于剪截树木的粗细在 4 厘米以下的枝条，以及盆栽花卉的修剪、整形等。绿篱剪用于绿篱、规则式整形植物的嫩枝修剪、小面积的草坪修剪等。高枝剪用于对树木较高部位的细小枝条的修剪，是手柄延长的剪枝剪。

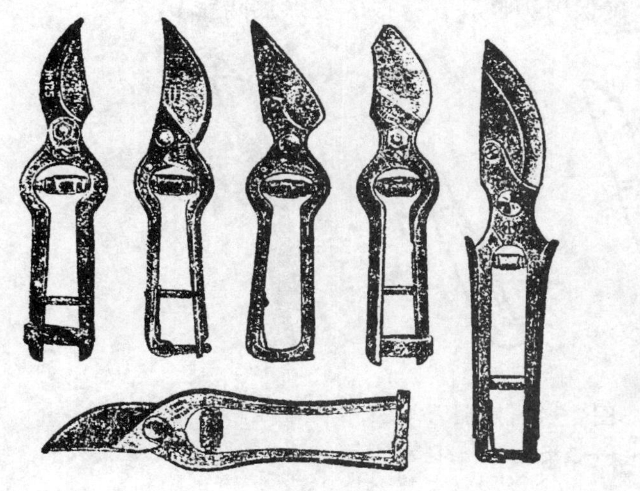

图 1—5　剪枝剪

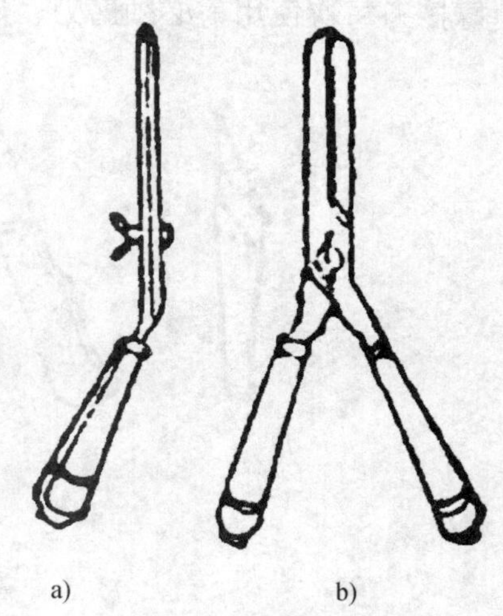

图 1—6　绿篱剪

a）侧面观　b）正面观

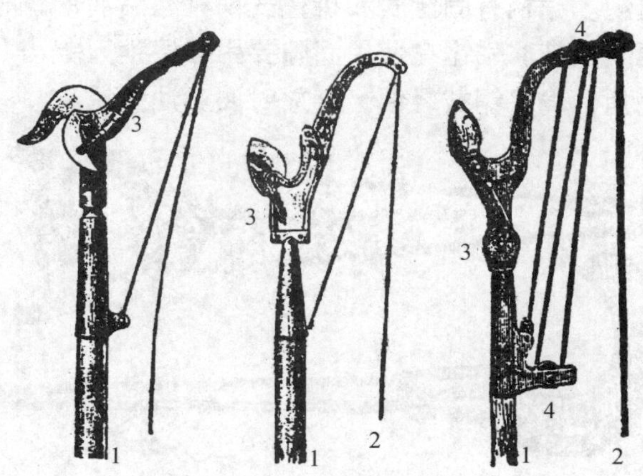

图 1—7　高枝剪

1—柄　2—拉绳　3—剪刀　4—助力滑轮

剪枝剪、绿篱剪不用安装。高枝剪有带柄的成品和不带柄的两种，后者需要安装一根2～2.5米的长柄，安装方法与铁锹柄安装相同。为了确保剪刀锋利，要经常磨刀，存放时要涂油防锈。

(5) 嫁接刀。嫁接刀分为枝接刀和芽接刀两类（图1—8），用于苗木、花卉的嫁接繁殖。枝接刀用于对枝条已经木质化的树木的成熟枝嫁接作业。芽接刀用于对嫩枝、嫩芽的芽接和草本植物的嫁接。芽接刀与枝接刀的不同之处是刀片较薄，不易挤伤嫩弱的植物组织，在刀柄的后部安装有角质片，用于芽接时撬开砧木切口的韧皮部。嫁接刀每次使用前必须磨刀，确保刀刃锋利，存放时要涂油防锈。

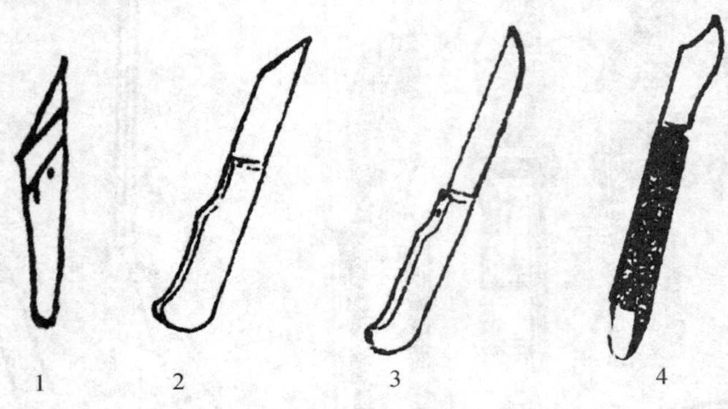

图1—8　嫁接刀

1～3—枝接刀　4—芽接刀

(6) 手锯。手锯（图1—9）主要用于对一些直径比较粗的，剪枝剪无法剪断的枝条的锯断作业。园林绿化工使用的手锯不同于木工锯，锯片比较宽，锯齿疏而大，适合锯截树木的活体组织。锯柄有固定式和折叠式两种，后者的锯柄有一深槽，锯片折转后藏入该槽内，便于携带。手锯在使用间隙要用三棱锉刀锉齿及用尖嘴钳逐一校正锯齿与锯板之间的夹角，确保锯截轻便，存放时要涂油防锈。

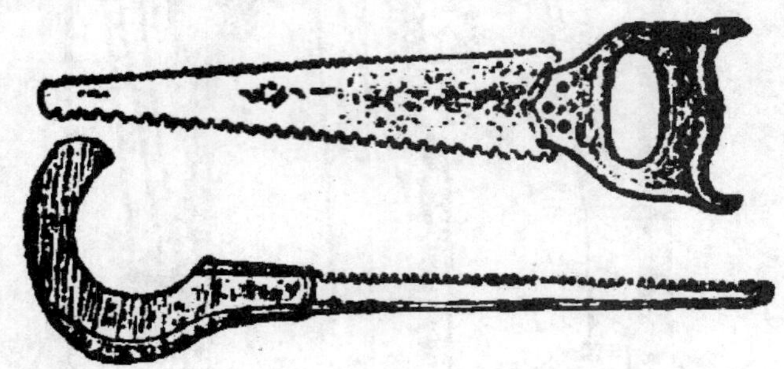

图1—9　手锯

2. 机（电）动工具

机（电）动工具是在原有简单工具的基础上发展起来的，其目的是提高工作效

率，降低劳动强度。机（电）动工具品种繁多，就功能而言，与简单工具有传承关系。下面以功能为线索，分类介绍机（电）动工具。

（1）旋耕机。小型手扶式旋耕机（图1—10）有驱动轮驱动型和旋耕刀驱动型两类。手扶式旋耕机组成和构造主要由发动机、传动装置、行走装置、工作装置（旋耕器）、扶手及操纵机构组成。

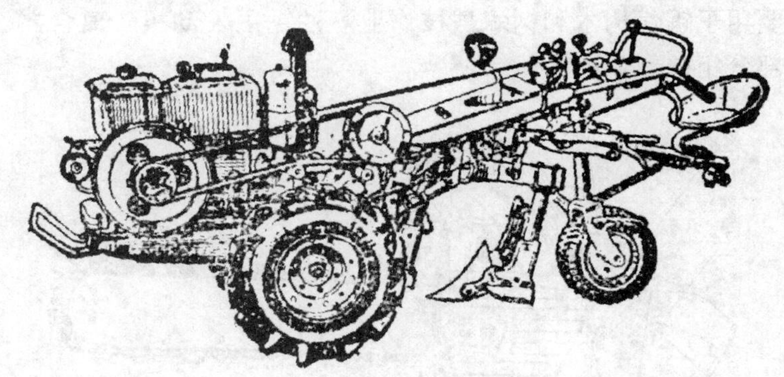

图1—10　旋耕机

1）旋耕机的组成

①发动机：旋耕机的发动机一般以四冲程单缸汽油机或柴油机为动力。旋刀驱动型的功率一般较小；驱动轮驱动型的一般比旋刀驱动型的功率大。

②旋耕器：旋耕器是用于整地的工作部件，由刀轴及按螺旋线排列布置在刀轴上的刀片组成，旋耕器的动力来自发动机。

③传动装置：发动机的动力通过离合器、带传动、齿轮传动和链传动减速增扭后传给驱动轮和旋耕器，驱动轮子和旋耕器旋转。离合器有离心式、皮带张紧式和摩擦片式等类型。

手扶式旋耕机一般设有2～4个前进挡和1～2个后退挡。旋耕器一般也可变速，以适应不同土壤条件的要求。

④行走装置：手扶式旋耕机一般有两个行走轮（为驱动轮），并在前部或后部设置辅助轮，用以支承重量和调节耕深。旋刀驱动的旋耕机，其行走轮只起到支承作用，无驱动功能，机器是靠旋耕时土壤对刀片的反作用力驱动前进的，常在旋耕器的前方设置辅助轮。

⑤操纵机构：手扶式旋耕机是由操作者手扶扶手随机行走作业，大部分操纵手柄（如离合器、制动器、转向机构、油门）装在扶手上。另外还设有变速操纵机构。

2）手扶式旋耕机的工作过程：手扶式旋耕机工作时，发动机的动力经离合器、传动装置驱动行走轮和旋耕器轴旋转，装在刀轴上的刀片一边旋转切削土壤，一边随机器前进，刀片切下的土垡[1]向后上方抛出，与罩壳撞击进一步碎裂，落回地面。旋刀驱动的旋耕机旋转速度较慢，切下的土块直接抛到地面。

(2) 锯类。具有动力装置的锯类，有以汽油发动机为动力和以电动机为动力的两类。

1）油锯：油锯是以汽油发动机为动力的链锯。油锯携带方便，手持使用，适应各处作业，主要用于锯伐树木和树木截枝作业。油锯由发动机、离合器、减速器以及导板和锯链等部分组成，如图 1—11 所示。

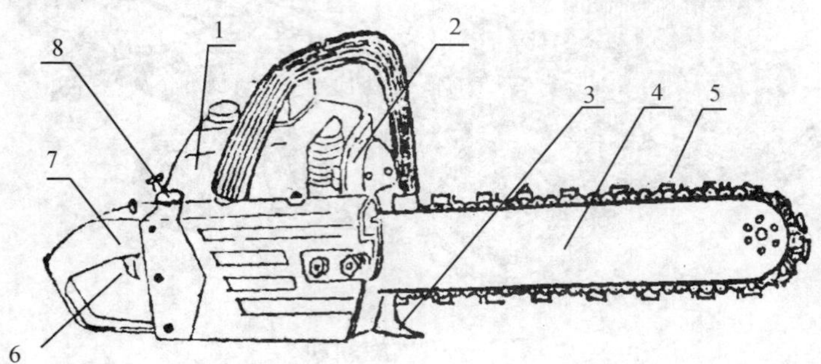

图 1—11　油锯

1—发动机　2—前锯把手　3—插木齿　4—锯导板　5—锯链
6—手油门扳机　7—后锯把手　8—机油泵

2）电锯：电锯是以电动机为动力的链锯（图 1—12），可以用市电工作也可自带发电机工作，操作比较简单。电锯除了动力外基本和油锯相同，只是其工作需要带电源，适用性不及油锯。

图 1—12　电锯

① 垡是把土翻起来，也指翻起来的土块。

(3) 割灌机。割灌机是割除灌木、杂草的便携式机械（图 1—13），有背负式、侧挂式及手持式等类型。割灌机由动力、离合器、传动系统、工作装置、操纵控制系统及背挂等部分组成。割灌机根据动力不同，有电动割灌机和内燃割灌机之分。在庭院或电源方便的场合可使用电动割灌机，而在多数场合均使用以二冲程汽油机为动力的割灌机。汽油机与传动系统之间是离心式离合器，离合器主动体与汽油机曲轴连接，离合器被动体与传动系统（传动轴）连接，控制发动机的油门大小可改变发动机转速以控制离合器的结合与脱开。当汽油机转速达到离合器结合转速时，主动体的离合块克服弹簧拉力而向外甩，与被动体（离合碟）结合，汽油机的动力由传动系统传向驱动工作装置，由工作装置完成割灌或去除杂草。

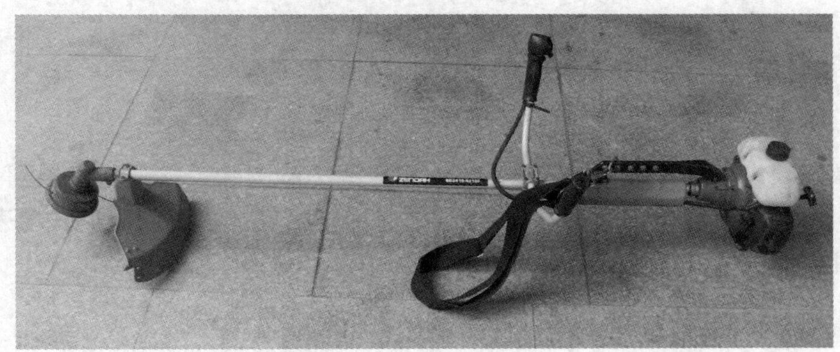

图 1—13 割灌机

传动系统由传动轴和一对圆锥减速齿轮组成。依据传动轴的不同，有硬轴割灌机和软轴割灌机之分。

硬轴割灌机机杆长，工作范围广，适于在较开阔的区域内去除灌木、树木间地面杂草或修枝等；软轴割灌机工作范围较硬轴割灌机窄，但使用方便，操作者可在任意范围内使用，特别适于在坡地或工作区域较窄的场地上使用。

工作时，把割灌机背挂在身上（或手持），以正确的姿势操作（图 1—14）。发动机动力经离合器、传动轴、圆锥减速齿轮，驱动工作装置；操作者握住把手，锯片向前进行作业。割小灌木、杂草时，可采用连续切割法，左右摇动工作刀盘进行。割根茎小的林木，可单向切割，割根茎大的林木，须先在树木倒下的方向开锯口，然后再锯切。

作业时应时刻注意安全，操作时如锯片被卡住时，应先关小油门，待锯片完全停止转动后，再抽出锯片。

割灌机的工作装置有几种形式，有尼龙绳、活络刀片、二齿、三齿、四齿刀片、多齿圆锯片等。在锯除灌木和修整枝杈时，应使用多齿圆锯片，而在草坪坪面上修剪或切边时，则可选用尼龙绳的工作装置。

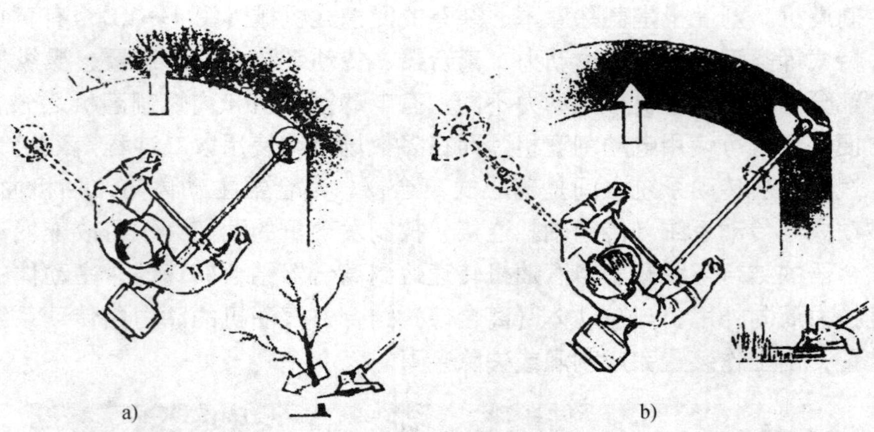

图 1—14　割灌机正确操作姿势

a）割枝　b）割草

（4）草坪修剪机。草坪修剪机（图 1—15）的类型很多，按作业方式可分为手推式、手扶自行式（或称手扶随行式）、驾乘式、拖挂式等，按切割器形式分有旋刀式、滚刀式、往复割刀式和甩刀式等。

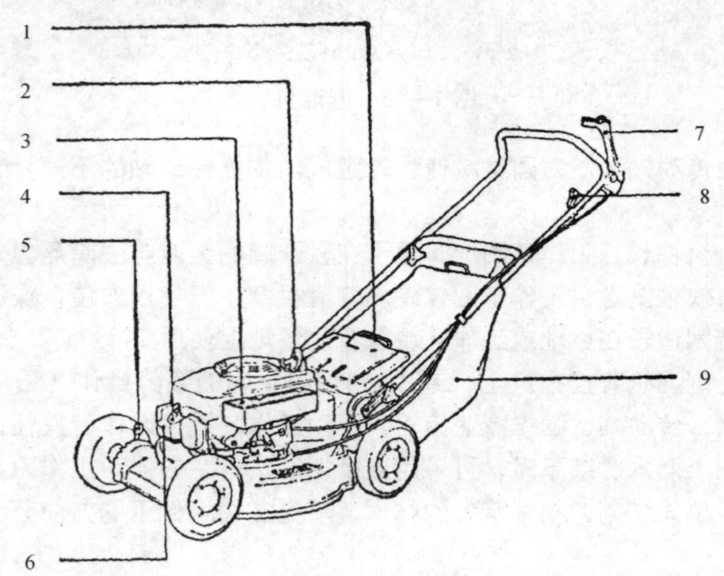

图 1—15　草坪修剪机

1—集草袋把手　2—启动绳　3—空气滤清器　4—火花塞帽
5—调高手柄　6—消声器　7—离合器操纵杆　8—油门手柄　9—集草袋

1）草坪修剪机切割器

①旋转式切割器：旋转式切割器的切割部件工作时做旋转运动。一般运动较平稳、振动较小、结构简单，被广泛采用。旋转式切割器有旋刀式、滚刀式和甩刀式等。

旋刀式：刀片在水平面内做回转运动。旋刀片刃口一般开有 15°后角，另一边以一定形状、一定角度形成尾翼，构成风机的叶轮，与蜗壳内腔（机架）配合，在剪草时可形成垂直方向或水平方向的气流。垂直方向气流将草茎吸起直立，以便刀片切割，切断的草屑随水平方向气流被吸入集草袋，或直接从侧面排出。

滚刀式：由滚刀与底刀的相对运动进行剪草。底刀为定刀，固定在滚刀下方；滚刀是动刀。工作时滚刀转动与底刀产生渐进的切割作用。

甩刀式：刀片铰接在横轴上。工作时，甩刀在离心力作用下甩开，将草茎切断并抛向后方。

旋刀和甩刀切割都是利用高速切割的方法，利用草的惯性力和反弹力切断草茎。

②往复式切割器（也称剪刀式）：往复式切割器的割刀做往复运动，适用于对粗茎草切割。往复式切割器有单动刀和双动刀两种形式。单动刀式是定刀固定不动，动刀相对定刀做往复运动。双动刀式无定刀，上、下都是动刀。

2）留草高度调节：修剪草坪时需要调整留草高度。草坪修剪机一般都是通过调节行走轮对机架和刀盘间的相对高度来调节留草高度。有的剪草机的前后轮之间设有联动机构，只需要调节其中一个轮子，通过联动机构便可实现四个轮子同时调节。有些机型增加了割刀离合制动机构，提高了作业安全性。

实训一　安装锄头训练

一、实训目的

带柄农具的安装具有相似性，而锄头是使用最普遍的，不仅新添置时要安装，而且在使用过程中发生工作件脱柄时也要安装，所以，学会安装锄头是园林绿化工的基本技能。训练选择安装锄头具有典型性。通过训练，要求学生掌握安装配件的准备和安装锄头的步骤和注意事项。

二、实训工具

有砍刀、木工锯。

三、实训方法

1. 准备材料：柄、凹砧、楔砧和厚布片。

2. 安装：找柄的重心⟶削柄端⟶装凹砧⟶垫衬布⟶将柄插入接柄环⟶插入楔砧⟶砧实⟶检查安装质量。

四、实训要求

在安排学生进行安装训练时，教师首先要求学生掌握安装要领和步骤，并做示范，然后安排每位学生至少安装一把锄头，训练时教师要做好巡回指导。训练完成后要组织学生进行评估。

实训二　手扶旋耕机操作训练

一、实训目的

使用手扶旋耕机耕地可以大大减轻劳动强度，所以学会手扶旋耕机的操作是园林绿化工的基本技能。通过训练，要求学生掌握手扶旋耕机的操作步骤和注意事项。

二、实训条件

手扶旋耕机、需要翻耕的圃地、燃油和机油。

三、实训方法

1. 启动前的检查

(1) 检查机器有无漏油现象，发动机（指四冲程）和变速箱机油是否正常。

(2) 检查各个连接是否正常。

(3) 检查传动系统是否正常。

(4) 检查操纵机构的操纵是否正常。

2. 启动

(1) 把离合器手柄放至分离位置，变速手柄放在空挡，开油门至中速。

(2) 启动发动机（手拉绳启动）。应先轻轻拉出拉绳至离心器工作，再用力快速拉绳至发动机气缸有压力，这时迅速加速拉过压缩死点启动发动机（整个过程要求动作连贯，防止活塞反弹或拉绳手柄滑脱）。

(3) 启动机启动。打开点火开关，扭动启动开关至启动位置，发动机启动后迅速放开启动开关使它回至开（发动机启动电动机一次工作不超过5秒钟，每次启动间隔5秒钟，防止启动机因长时间工作而过热烧毁）。

(4) 启动后，应检查机器运转是否正常，让发动机怠速运转3～5分钟（预热发动机）。

3. 犁工作

(1) 确定离合器分开后，把犁工作排挡放入工作挡。

(2) 转动深度调节手柄，调节至需要耕作的工作深度。

(3) 挂挡至需要的挡位，缓缓加大油门同时慢慢拔动离合器手柄，使离合器平稳接合，机器启动。

4. 转向操作

一般做小角度调整方向时，可在扶手上直接向调整方向用力推扶手，即可做小角度修正。调整方向角度较大或掉头时，可用转向手把控制转向离合器的分合，再结合推扶手的方法转向。在使用手转向离合器时应注意转向离合器的正反向操作，耕作时一般为正向操作，移动自走时上坡为正向操作、下坡为反向操作（一般是以发动机是否牵引车轮和是否车轮牵引发动机来做出正确反应）。

四、实训要求

在安排学生进行手扶旋耕机操作训练时，教师首先要求学生掌握操作要领和步骤，并做示范，然后安排每位学生至少耕地一个来回，训练时教师要做好跟随指导。训练完成后要组织学生进行评估。

实训三 油锯操作训练

一、实训目的

使用油锯机（二冲程）修枝可减轻劳动强度且使用方便灵活，特别是因风雪树木倒伏时使用油锯处理非常迅速。通过训练，要求学生掌握油锯的操作步骤和注意事项。

二、实训条件

准备油锯、汽油、专用机油、配比壶、燃油桶、安全帽、防护镜、工作服、直径10～15厘米的新鲜树段若干、支撑架。

三、实训方法

用配比壶配比本次训练的混合燃油，专用机油：汽油＝1：50。

1. 启动前的检查

(1) 加入燃油盖紧油箱，检查润滑链条机油箱有无机油。

(2) 检查各个连接是否正常，用手拉动链条旋转是否走动自如，提起油锯观察锯导板下方链条下垂状况，下垂2～3毫米属正常，过大或过小均需要对导板位置进行调整。

(3) 检查油门、开关的操纵是否正常。

2. 启动

(1) 把手柄上调速放至分离位置，首次冷车启动时需关阻风门，泵1～2次燃油。

(2) 用手拉绳启动发动机。将油锯机放于地面，左手护发动机，右手拉绳启动，整个过程要求动作连贯，防止活塞反弹或拉绳手柄滑脱。

(3) 发动机启动后，应检查机器运转是否正常，让发动机怠速运转1～2分钟（预热发动机），打开阻风门。

(4) 左手提前锯把手，右手按下手油门扳机，加大油门，无异响。

(5) 锯导板对准干净地面，离地30厘米按下手油门扳机20～30秒松怠速，查看地面是否有细小油滴。如有油滴属正常，无油滴则要重新检查。

3. 学生用油锯机锯树段练习

将树段搁于支撑架上，用油锯机将树段锯成3厘米厚的木片。

四、实训要求

在安排学生进行油锯操作训练时，教师首先要求学生掌握操作要领和步骤，并做示范，然后安排每位学生至少锯10片树段片（所锯树段片厚薄均匀为合格）。训练时教师要做好跟随指导，训练完成后要组织学生对训练场地进行清理。清除油锯表面的油污及灰尘，将多余的燃油倒回燃油桶，再次发动油锯怠速空转到缺油熄火止。训练完成后要组织学生进行评估。

实训四　割灌机操作训练

一、实训目的

使用割灌机（二冲程）可以除坡度5°以上地上灌木、杂草，可减轻劳动强度且使用方便灵活。通过训练，要求学生掌握割灌机的操作步骤和注意事项。

二、实训条件

准备割灌机（尼龙绳）、汽油、机油、配比壶、燃油桶、安全帽、防护镜、工作服，需要除杂草的地块经检查后无松动的石块。

三、实训方法

用配比壶配比本次训练的混合燃油，专用机油∶汽油＝1∶50。

1. 启动前的检查

(1) 加入燃油，盖紧油箱，检查机器有无漏油现象。

(2) 检查各个连接是否正常，旋盘旋转是否灵活。

(3) 检查操纵机构的操纵是否正常。

2. 启动

(1) 把右手柄上调速放至分离位置，首次冷车启动关阻风门，泵 1～2 次燃油。

(2) 用手拉绳启动发动机。将割灌机放于地面，左手护发动机，右手拉绳启动。整个过程要求动作连贯，防止活塞反弹或拉绳手柄滑脱。

(3) 发动机启动后，应检查机器运转是否正常，让发动机怠速运转 3～5 分钟（预热发动机），打开阻风门。

(4) 按下右手柄上调速器旋盘工作，加大油门，无异响。

(5) 调整背挂带至操作时双手最自然省力的长度，把割灌机背挂在身上，以正确的姿势操作。

3. 学生用割灌机修剪杂草草坪练习，每位学生至少练习用割灌机修剪杂草草坪 20 平方米。

四、实训要求

在安排学生进行割灌机操作训练时，教师首先要求学生掌握操作要领和步骤，并做示范，然后安排每位学生至少割 10 平方米左右的杂草草坪。训练时教师要做好跟随指导，训练完成后要组织学生对训练场地进行清理。清除割灌机表面的油污及灰尘，将多余的燃油倒回燃油桶，再次发动割灌机怠速空转到缺油熄火止。训练完成后要组织学生进行评估。

实训五 草坪修剪机操作训练

一、实训目的

使用手扶草坪修剪机（四冲程）可以修剪坡度小于 5°地面上的草坪草，用草坪修剪机修剪草坪可减轻劳动强度且使用方便灵活，经修剪的草坪平整美观。通过训练，要求学生掌握草坪修剪机的操作步骤和注意事项。

二、实训条件

准备手扶草坪修剪机、汽油、机油、防护镜、工作服，训练草坪的地块经检查后无松动的石块。

三、实训方法

1. 启动前的检查

(1) 加入汽油盖紧油箱，拉出机油卡尺检查机油是否在上下限内。

(2) 检查各个连接是否正常，轻拉启动绳刀片旋转是否灵活。

(3) 检查操纵机构的操纵是否正常。

2. 启动

(1) 把离合器操纵杆扳至分离位置，首次冷车启动关阻风门，泵1～2次燃油。

(2) 用手拉绳启动发动机。整个过程要求动作连贯，防止活塞反弹或拉绳手柄滑脱。

(3) 发动机启动后，检查机器运转是否正常，让发动机怠速运转3～5分钟（预热发动机），打开阻风门。

(4) 用右手调节油门，转速快慢无异响。

(5) 扳动调高手柄，调节至需要的留草高度，合上离合器操纵杆。

3. 学生用草坪修剪机修剪草坪练习，每位学生至少练习用草坪修剪机修剪杂草草坪10平方米。

四、实训要求

在安排学生进行草坪修剪机操作训练时，教师首先要求学生掌握操作要领和步骤，并做示范，然后安排每位学生至少修剪20平方米左右的草坪。训练时教师要做好跟随指导，训练完成后要组织学生对训练场地进行清理。清除草坪修剪机表面的油污、灰尘和集草袋，将多余的燃油倒回燃油桶，再次发动草坪修剪机怠速空转到缺油熄火停。训练完成后要组织学生进行评估。

二、生产设施

园林植物原产于不同的气候带，由于长期适应特定地域的生境条件，如温度、土壤水分、空气湿度、光照强度和日照时间等，因此当人们将其引种后，要为其创造基本的生长发育环境，而生产设施能够提供并满足植物生长发育必需的生境条件。所谓生产设施，就是为园林植物良好生长发育提供必要生境条件的构筑物，如温室、荫棚、灌溉系统等。

1. 温室

温室是为冬季或其他不适宜露地植物生长的季节提供保护栽培的构筑物，主要是起到春提前、秋延后的保温栽培作用，也可结合设施设备进行越冬栽培，在夏季高温阶段，还可将温室内的温度降至植物所需的温度。温室的种类很多，按温室结构材料不同分为土木结构、金属结构和土木与金属混用结构，按温室表面材料不同分为玻璃温室、塑料薄膜温室和硬质塑料板温室，按温室屋面形状不同分为圆弧形屋面温室和A形屋面温室，按温室连接情况分为单栋式和连栋式。

当前在生产中应用的温室以金属结构温室为主，不透光墙体可结合土木结构。现将温室根据表面材料不同简单介绍如下：

(1) 玻璃温室。玻璃温室是一种固定构筑物，是以玻璃作为透光材料的温室。玻璃温室的使用寿命长，栽培面积大，室内通风透光好，湿度合适，可以较好地实现自动控制和机械化、自动化生产，适于较多地区使用；但建造成本较高，年均生产成本较大。单面采光的玻璃温室以采光面朝南，温室的南面、东西侧的玻璃屋面下方地面以上1米高度左右部分及北面、东西侧盖瓦屋面以下部分采用砖砌结构（图1—16）。双面采光的玻璃温室以A字形屋脊朝向南北方向，以透光斜屋面朝向东西方向，墙体四周下方1米左右高度为砖砌结构（图1—17）。温室的不透明墙体有利于室内的保温。

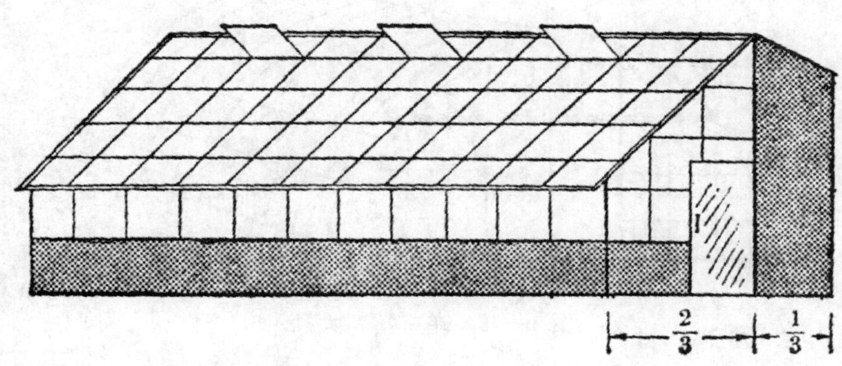

图1—16　东西向单面温室

(2) 塑料薄膜温室。塑料薄膜温室习惯上称之为塑料大棚，是以钢材作棚架龙骨和肋骨，用聚乙烯和聚氯乙烯等柔性塑料薄膜作覆盖材料的温室。大型塑料薄膜温室也有用双层薄膜覆盖的，用以提高其保温性能。塑料薄膜温室造价较低，目前应用较普遍，但塑料薄膜易老化变质，维护管理费用较高。塑料薄膜温室又可分为单栋和连栋两种，下面分别介绍。

1) 单栋塑料大棚：单栋塑料大棚（图1—18）多数采用镀锌钢管装配。其组成结构有大棚骨架、拱杆、纵向拉杆、端头立柱等。用专用卡具连接形成整体，所有杆件

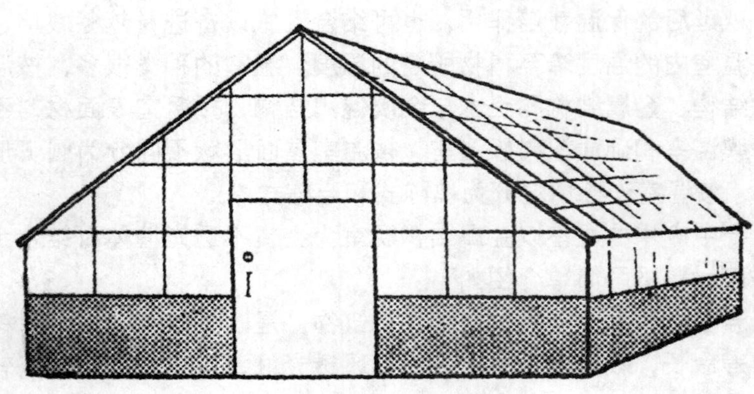

图1—17　南北向双面温室

和卡具均用热镀锌防锈处理。棚的跨度6米，矢高2.5米，长以30米为宜，这样的尺寸有利通风换气和保持棚内各处温度比较均匀，通常1亩地安装3座，棚内面积540平方米，土地利用率73%。

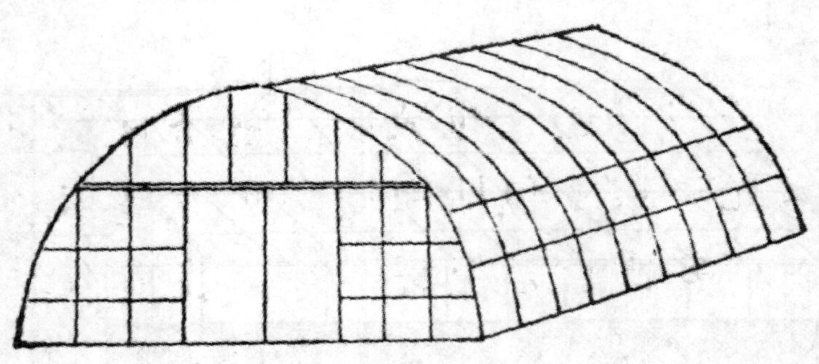

图1—18　单栋塑料大棚

2）连栋塑料大棚：连栋塑料大棚（图1—19）结构是以多个单栋塑料大棚，以天沟等固定连接成整体，成为一个整体空间的大棚。单个大棚跨度4～12米，肩高1～1.8米，脊高2.5～3.2米，长度20～60米，拱架间距0.5～1米等。大棚的组装式结构建造方便，可拆卸迁移，棚内空间大、遮光少、作业方便，土地利用率比单栋大棚高。

（3）硬质塑料板温室。硬质塑料板温室的覆盖材料使用聚氯乙烯阳光板、加强玻璃纤维塑料、聚丙烯与聚碳酸酯双层硬塑料板等，覆盖在钢质屋架或棚架上成为温室。硬质塑料板温室通常连栋建设，很少单栋使用。这种温室保温较好，但建造成本很高。

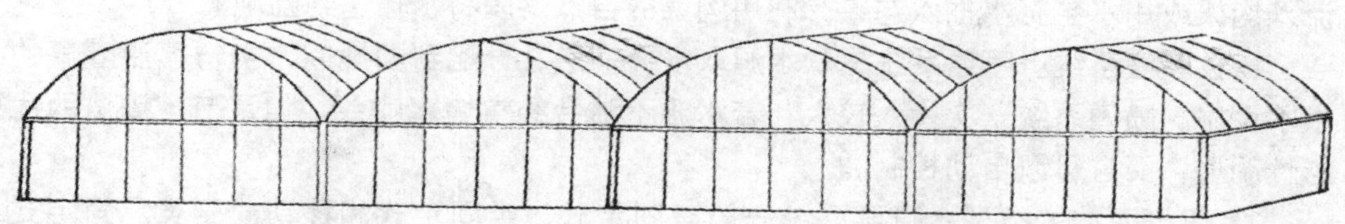

图 1—19　连栋塑料大棚

2. 荫棚

荫棚是为园林植物生长提供遮阳的栽培设施（图 1—20）。荫棚一般分为两种：一种是搭在露地苗床上方的遮阳设施，高度约为 2 米，支柱和横挡均用镀锌铁管搭建而成，支柱固定于地面。这种荫棚也可在温室内使用。使用时，根据植物的不同需要，覆盖不同透光率的遮阳网。另一种是搭建在温室上方的温室外遮阳设施，对温室内部具有遮阳、降温的作用。露地的荫棚，不仅在夏秋强光、高温季节可提供遮阳、降温；也可在早春和晚秋霜冻季节遮挡寒风和霜降，保护园林植物免受霜冻的危害。

图 1—20　荫棚构造南面观

3. 灌溉设施

植物生长离不开水，在露地生长的植物，接受雨露滋润，能从自然界获取生长发育所必需的水分，当久旱无雨时需要人工为植物提供水分，通常采用沟渠灌溉或喷灌系统喷淋等手段予以解决。而在温室等生产设施内是无法得到雨水等天然供水，植物生长发育所需水分都是靠人工灌溉设施提供的。灌溉设施是生产中为园林植物提供水分的基础设施，主要有灌溉沟渠、喷灌系统和微灌系统三种类型，下面分别介绍。

（1）灌溉沟渠系统。灌溉沟渠系统是在苗圃或花圃建设时就规划建设好的供水渠道系统，可以是明渠，也可以是暗渠。明渠是地表的沟渠，作为永久性的基础设施，沟渠的底部和侧边要用混凝土浇筑而成，这样一则可使水流畅通，再则可减少在输送过程中的水分渗漏损失。暗渠是埋设于地表下的输水管道系统，管道可采用预制水泥管。不管是明渠还是暗渠，在穿过道路下方时均要采用管道，而且在管道上下方均要加固，预防载重汽车压垮管道。灌溉沟渠的源头应在河流或池塘的边缘，让水能自然流入沟渠或用水泵将水抽入沟渠，利用沟渠的自然落差将水输送到圃地。

(2) 喷灌系统。喷灌系统是从水源取水并输送、分配到圃地间，实行喷洒灌溉的供水设施。喷灌系统一次投入较大，若水源不洁会经常堵塞喷头，但是节水灌溉的优越性明显，而且可以自动控制。

1) 喷灌系统的类型：喷灌系统一般有固定式、半固定式和移动式三类。固定式喷灌系统，除喷头可移动外，其余部分固定不动。水泵和动力构成固定的泵站，干管和支管多埋在地下。半固定式喷灌系统，除喷头外支管也可移动，往往把可移动部分安装在一起，构成一个整体，称为喷灌机组。移动式喷灌系统，除水源外其余部分均可移动。移动式喷灌系统，水泵、动力、喷洒系统均安装成一体，形成喷灌机组，管道之间用快速接头连接，可以随意移动和组装。

2) 喷灌系统的组成：喷灌系统由水源、水泵及动力装置、管路系统、喷洒器和自动控制系统等组成。

①水源：水源一般采用自来水水源，有条件的可用井水或过滤后的河水、池塘水或自建水塔供水。

②水泵与动力机械：水泵是对水加压的设备，水泵的压力和流量取决于喷灌系统对喷洒压力和水量的要求。电源一般由市电供应，可选用电动机为动力，无电源处可选用内燃机作为动力。

③管路系统：输送压力水至喷洒装置。管路系统除管道外还包括一定数量的弯头、三通、旁通、闸阀、接头、堵头等附件，以满足管网布置的要求。

④喷洒器：喷洒器（喷头）是把具有压力的集中水流分散成细小水滴，并均匀地喷洒到地面或植物叶面的一种喷灌专用设备。

⑤控制系统：控制系统在自动化喷灌系统中，能按照预先编制的控制程序和园林植物需水量要求的参数，自动控制水泵开启、关闭和自动按一定的轮灌顺序进行喷灌的一套控制装置。

(3) 微灌系统。微灌系统（又称滴灌系统）是利用低压管路系统将压力水输送分配到灌水区，通过灌水器以微小的流量湿润园林植物根部附近土壤的一种局部灌水技术。微灌系统的组成与喷灌系统类似，只是水压较低，喷头不同。微灌使园林植物主要根系活动区的土壤经常保持在最优含水状态。

由于微灌（又称滴灌）仅湿润根区附近土壤，故水的损失小、利用率高；由管网输水，操作方便，便于实现自动控制；微灌是局部灌溉，园林植物之间干燥地面不易生长杂草，并可结合施肥；对土壤和地形的适应能力强。缺点是灌水器出水孔口较小、易堵塞，因此对水的质量要求高，必须经过严格过滤；微灌投资较高。微灌比较适于温室内园林植物生产的灌溉。

第三节 土壤知识与圃地整理

土壤是植物生长的基础，土壤为植物提供水分和矿物质养分，千百年的传统栽培，植物没有离开过土壤。现代园艺使植物生长脱离土壤成为现实。从广义上说，土壤是植物生长的基质，但是，从狭义上讲，栽培基质通常是指单一或配合使用的、用于固定植物根系和为植物提供水分和矿物质养分的各种非土壤材料介质。

一、土壤知识

土壤是植物生长的基础。了解土壤的不同类型及其理化性质，对于在生产上正确处理土壤，对园林植物采取合理的栽培养护措施具有重要意义。

1. 园林苗木生产不同地区的土壤差异及其利用

由于我国地域辽阔，不同地区的土壤种类及其性质差异很大，因而不同地区的土壤所表现出来的生产特点也有所差异。

(1) 东北平原。以黑土为主。土壤质地疏松、肥沃，有机质含量十分丰富；土壤呈微酸性（pH 值为 6.0～6.5）反应，不显石灰反应，是我国不多见的沃土。但是，自然黑土的耕作层较浅，活土层较薄，不能充分发挥土壤的潜在肥力。因此，园林苗木生产可以通过翻耕，打破犁底层，逐步创造较厚的耕作层，有效改善土壤水、气、热、肥性质。

(2) 华北平原。以褐土为主，多发育于各种碳酸盐母质上。褐土质地较均匀，不黏不砂，多为砂壤或中壤。pH 值呈中性至微酸性反应，土壤无明显犁底层，土层疏松，透水透气良好；但褐土的养分含量不够均衡，腐殖质含量偏低，一般仅有 0.5%～2%，其中氮、磷含量尤其偏少，往往苗木生长后期营养供给不足。园林苗木生产时需要花大力气深耕深翻土壤，增施有机肥，改善土壤结构；同时，还应及时补充氮、磷肥料，满足园林苗木生长的要求。

(3) 长江中下游平原。以灰潮土为主。此类土壤耕作层较厚，土质疏松，通气透水性能良好。土壤一般没有石灰性，呈微酸性至中性反应。灰潮土微生物活动活跃，土壤保肥性能良好，水分、热量、肥力、空气均较协调。在灰潮土上种植各类园林苗木，苗期生长较快，后期生长也不缺肥，土壤施肥效果明显；灰潮土还具有良好的耕性，是一种较为理想的园林苗木生产用土。

(4) 长江中下游丘陵地。主要分布黄棕壤土。这类土壤质地较黏重，呈微酸性反应，耕作层浅薄，雨后黏重，干旱时板结，严重影响苗木根系生长，土壤腐殖质含量偏低，一般只有 1%左右，含氮、磷较少。对于黄棕壤土地的园林苗木生产，应注意大量施用土杂肥及河泥、塘泥，并进行深耕、晒垡，还可结合种植绿肥植物[①]，如紫云英等豆科植物，同时加施磷肥，改善园林苗木生产效果。

(5) 黄土高原。大面积分布的是黄绵土，土层十分深厚，质地为粉砂壤土，均匀，疏松，通气透水性强，易于耕作。黄绵土含有大量碳酸钙（10%～15%），且分布较均匀，多呈石灰性反应，pH值为8.0～8.5，土壤上下差别不大，易遭水侵蚀，腐殖质含量较低，一般在1%以下，其中氮素尤为缺乏，磷、钾尚可。这类土壤在进行园林植物生产时应多施有机肥及土杂肥，改善园林苗木生长环境。

(6) 南部沿海地区。南部沿海地区以红壤、砖红壤土为主。它们的特性是黏重，黏粒高达50%～80%，土壤中腐殖质含量不高，呈酸性反应，pH值为4.5～6.0。园林苗木生产时应通过施有机肥料，广泛利用各类绿肥，还可结合掺塘泥客土，有效提高土壤有机质含量；另外，土壤磷含量偏低，施用磷肥可提高育苗效果；还可以施用石灰来中和土壤酸度，增强有益微生物的活动能力，促进养分转化，改善土壤结构。

(7) 云贵高原。以黄壤土为主。该类土壤有较强的酸性反应，pH值多为4.0～5.5，黏粒含量高，占土壤70%～80%，透水性不良，易积水，耕性差，黄壤有机质含量低于1%，缺乏氮、磷、钙、镁等元素。园林苗木生产可采用客土掺砂的方法改良，此外，还应大力提倡施用有机肥等。

(8) 中西部地区。主要包括江西、浙江、福建等地，以紫色土为主。紫色土质地为中壤至重壤，具有比较理想的结构和通透性，土壤呈酸性至碱性反应，pH值为4.5～8.0。保肥能力较强，含有丰富的矿质营养元素，但缺乏氮素及腐殖质。园林苗木生产可通过增施有机肥料和氮肥，有效发挥其生产潜力。

2. 园林苗木生产的土壤选择

种子发芽、插穗生根、园林苗木生长所需的水分、养分、空气等均来自土壤，因此土壤条件的好坏，直接影响园林苗木的产量和质量。土壤条件适宜与否，主要表现在肥力、结构、质地和酸碱度等因素上。

(1) 土壤肥力。土壤肥力是土壤为植物生长供应和协调养分、水分、空气和热量的能力，是土壤物理、化学和生物学性质的综合反应。由于土壤肥力直接影响到园林苗木的营养条件，因此，只有在营养条件较好的土壤上，才能培育出生长健壮、抗逆性强的优良苗木。另外，园林苗木幼苗对水分和养分敏感，对干旱而瘠薄的环境条件抵抗力弱，在这样的环境中是不能得到高质量的苗木的。因此，就土壤肥力来说，应选择石砾小、土层深厚、肥力状况良好的土壤。当然，不同种类的园林苗木对土壤肥力的要求存在差异。

---

① 凡是把植物的鲜绿部分直接或间接翻埋到土壤中作为肥料施用的都称为绿肥，专门作绿肥用的植物叫做绿肥植物。

(2) 土壤结构。土壤结构是成土过程或利用过程中由物理的、化学的和生物的多种因素综合作用而形成，可分为团粒、团块、块状、棱块状、棱柱状、柱状和片状等结构，其中团粒结构是最佳的土壤结构。团粒结构良好的土壤，其水分、养分、空气和热量条件都较好，因为团粒结构的土壤，团粒与团粒之间有大孔隙，能透水通气，小土团内部有毛细管孔隙，能持水，由于这两种孔隙同时存在，既透水通气，又保水保肥，使水气协调，因此是最理想、最有生产价值的土壤。

(3) 土壤质地。土壤质地是指土壤中不同大小直径的矿物颗粒的组合状况。土壤质地与土壤通气、保肥、保水状况及耕作的难易有密切关系，对植物根系的生长好坏影响很大。根据土壤中矿物颗粒大小及多少，可分为以下类型：

1) 砂壤土：砂壤土结构疏松、透水性能好，降雨时能充分吸收降雨，地表径流少；灌溉时，水分渗透均匀；通气性好，土温稳定，有利于土壤微生物的活动，保肥能力较好。在砂壤土上育苗有利于幼苗出土，根系的生长阻力小，根系生长发育良好；另外，土壤耕作和起苗工作也较便利。但一般砂壤土中的腐殖质含量较低，营养元素的种类及含量也相对偏低。砂壤土适合培育绝大多数树种，如松属、柏类、杨树、榆树、夹竹桃、银杏等。

2) 轻壤土和壤土：这两类土壤没有砂土和黏土的不良特性，具有良好的水分、养分、气热条件和良好的耕作性能，特别适合喜肥树种如杉木、柳杉、云杉、冷杉等的育苗。适合于砂壤土的树种在轻壤土和壤土中育苗也较好。

3) 砂土：砂土疏松、通气性良好，但因其黏粒、粉粒含量过少，保水保肥能力差，导致漏水漏肥，因此，肥力低下较贫瘠，在夏季高温时期，尤其容易因水分不足而引起苗木日灼。在砂土上育苗，苗木常出现根系少而细长，分布较深，整株苗木生长较差的现象；但对一些耐脊薄树种的培育，如杨树、柽柳、锦鸡儿、针叶树种等尚可。

4) 黏土：黏土比较肥沃，但因土壤结构紧密，通气性和透水性差，土壤中的水分与空气经常处于矛盾之中，不能很好协调，干时板结龟裂，灌溉后或雨后又很泥泞，耕性差。在黏土上播种育苗，幼苗出土困难，发芽率较低；出土后的幼苗，由于根系生长阻力大，生长缓慢；同时，由于排水不良，通透性差，苗木易患病虫害。此外，黏土起苗时易伤根，土壤耕作费力，机械作业耗能大等，因此，不宜选黏土作园林苗木生产土壤。

综上所述，园林苗木生产，从土壤质地上看，首选应是土层深厚、石砾少、肥力较好的砂壤土，其次才是轻壤土和壤土。

(4) 土壤酸碱度。土壤的酸碱度对园林苗木的生长影响很大，不同植物对酸碱度的适应范围不同。我国把土壤酸碱度划分为五级 (表 1—1)。

表 1—1　　土壤酸碱度分级表

pH值	<5.0	5.0~6.5	6.5~7.5	7.5~8.5	>8.5
酸碱度	强酸性	酸性	中性	碱性	强碱性

这里需要指出的是：大多数园林植物适宜在pH值为6~7的范围内生长，即土壤为弱酸性至中性。但每种植物最适宜的pH值范围，有的窄些，有的宽些。在生产中必须考虑园林植物的适宜pH值范围，pH值过低或过高都不利于园林植物的生长。表1—2列出了常用园林树木对土壤pH值的要求，表1—3是常见花卉适宜的酸碱度表。

表 1—2　　常用园林树木对土壤pH值的要求

园林树木名称	适宜pH值	园林树木名称	适宜pH值
花柏类	6.0~7.0	桂花	5.5~6.5
雪松	5.5~7.0	龙柏	6.0~7.5
杉木	5.0~6.5	竹柏	5.5~7.5
银杏	6.0~7.5	香榧	5.0~6.0
樟	6.0~7.0	广玉兰	5.0~7.0
白玉兰	5.0~7.0	含笑	5.0~7.0
桃	6.5~7.5	梅	6.5~7.8
蜡梅	5.5~7.5	香椿	5.5~7.0
紫薇	6.5~7.8	石榴	5.5~8.0
紫藤	6.5~8.0	紫荆	6.5~7.5
木槿	7.0~8.0	迎春	6.5~8.0
火棘	6.0~8.0	胡颓子	7.0~8.5
丁香	6.5~7.5	栀子	5.0~7.5
扶桑	6.5~7.0	贴梗海棠	5.5~7.5
女贞	6.5~8.0	卫矛	6.0~7.5
竹类	5.0~7.0	棕榈	6.5~8.0
柳杉	5.0~6.5	山茶	4.5~6.5
马尾松	4.5~6.0	光叶榉	5.5
紫穗槐	6.5~8.5	柽柳	7.0~8.0
乌桕	6.5~7.5	黑松	6.0~7.5

续表

园林树木名称	适宜 pH 值	园林树木名称	适宜 pH 值
侧柏	6.0～8.0	合欢	6.5～7.5
泡桐	6.0～8.0	垂柳	6.5～7.0
黄杨	6.0～8.0	刺槐	6.0～8.0
杜鹃	4.5～5.5	月季	5.5～7.0

表 1—3 常见花卉适宜的酸碱度表

花卉名称	适宜 pH 值	花卉名称	适宜 pH 值
三色堇	6.0～7.5	君子兰	6.7～7.5
金鱼草	6.0～7.5	仙客来	5.5～6.5
百日草	6.0～8.0	风信子	6.0～7.5
万寿菊	5.5～6.5	郁金香	6.0～7.5
彩叶草	4.5～5.5	唐菖蒲	6.0～8.0
牵牛花	6.0～7.5	百合	5.0～6.0
雏菊	5.5～7.0	兰花	5.0～6.5
金盏花	6.5～7.5	茉莉	6.0～6.5
瓜叶菊	6.0～7.5	天竺葵	5.0～7.0
香石竹	6.0～7.5	八仙花	6.0～7.0
菊花	5.5～6.5	天门冬	6.5～7.5
芍药	6.0～8.0	花毛茛	6.0～8.0

另外，土壤 pH 值过高或过低对营养元素的有效性也会有所制约：过低时，土壤中磷有效性下降；pH 值超过 8 时，磷、铁、锌、硼、锰等元素有效性降低，而一些有害微生物却繁殖旺盛；一般来说，当 pH 值达到 7 以上时，病害率随着 pH 值上升而增加。

二、圃地整理

为了便于开展各项育苗活动和对土地进行合理的开发利用，需要对园林苗木生产圃地进行统一规划。

1. 园林苗木生产圃地的功能分区

通常根据育苗生产的需要，苗圃可设以下几个作业区：

（1）播种区。播种区主要任务是进行播种繁殖。培育播种苗需要精细管理，因为幼苗对环境的抵抗力弱，因此，播种区对土壤的肥力、水分和通气条件要求较高。播种区的土壤必须具有良好的物理性状，富含有机质，土壤酸碱度适中，以砂壤土为好，应选择地势平坦，便于排灌和管理，背风向阳的地方。播种区还应忌施未腐熟的有机肥，以免招致地下害虫滋生。

（2）营养繁殖区。是培育扦插苗、嫁接苗、压条苗、分蘖苗等苗木的生产区，一般要求设在土层深厚、疏松、地下水位较高、排水良好、管理较为方便之处。

（3）移植区。通过有性繁殖和营养繁殖生产的小苗从繁殖苗床移出，进行一段时间的集中养护，进一步发育其根系，积累养分壮苗，为进入大苗培育区做好准备。因为移植苗的苗龄较大，其根系的吸收能力和对外界不良环境的抵抗力已增强，因此，不需要特殊精细管理，可以选在土壤水肥条件中等的地方，但排灌系统应良好。

（4）大苗区。主要是培育植株干形、冠形，苗龄较大并经过整形的各类大苗的生产区。由于城市园林绿化的特殊需要，通常是将幼苗在移植区培养一定年限后，再移至大苗区进行培养。由于苗木体量相对较大，所以要求该区域土层深厚，面积较大，地下水位较低，排灌方便，并能方便运输的地方，养成成品苗木达到出圃规格。

（5）优良母本区。为保证苗木品质及计划的完成，必须保证采种、采条来自优良品种的母株。优良母本区一般占地面积较小，可设在圃地的边缘或利用零散地块，但要求土壤深厚、肥沃、地下水位较低，排灌方便。

（6）引种驯化实验区。为了丰富城市园林植物景观，需要引进和增加园林苗木的品种。引进或驯化新品种，开展育苗科研需要设立引种驯化实验区。这个区既可以播种、扦插，也可以移植，培育大苗，还可进行杂交育种等活动。该区应设在背风向阳处，地势平坦，土层深厚、肥沃，排水良好，管理方便的地方。

（7）温室及花卉繁殖区。在园林苗木生产圃地一般还应设立花卉繁殖区。该区主要是繁殖和培育各种类型的花卉（一二年生草本花卉、宿根花卉、球根花卉、水生花卉等），并在规划区建温室（包括大棚）等保护地设施培育花卉。该区应靠近圃地管理区，以便集中管理。

（8）育草区。随着城市园林绿化的需要，草皮和其他地被植物的生产也应纳入规划。该区应选择地势平坦、排灌良好之地。

此外，还可根据需要设立积肥场、展示区等。

2. 园林苗木生产用地的准备

无论是新建苗圃还是已有的生产用地，在繁殖苗木或培大苗木前，都要做好圃地准备工作。

（1）土壤耕作

1）土壤耕作的作用：长期的生产实践充分证明，只有对土壤进行深耕细整，才

能实现壮苗高产。合理的土壤耕作，起到了多方面的良好作用。

①疏松和加深了耕作层，改善了土壤的理化性质。一方面，耕作使土层疏松，加强了土壤的透水性，能更好地吸收水分，减少地表径流。另一方面，翻耕中切断了土壤上下毛细管联系，形成隔离层，从而减少了水分的蒸发，因而提高了土壤的保水和抗旱能力。又由于土层疏松，加强了土壤的通气性，促进土壤的气体交换，使苗木根系能够呼吸到充足的 O_2，同时将多余的 CO_2 气体排出。还由于耕作后土层疏松，空气增多，空气是热的不良导体，因而使耕作层昼夜土温变幅减小，有利于苗木生长。另外，土层疏松，能促进好氧微生物的活动，使有机质不断分解，为苗木生长提供了充足的有效养分。

②土壤耕作翻动了上下土层，促使下层土壤更好地熟化。

③通过耕作平整了土壤表层，为播种、幼苗出土、灌水等创造了良好的条件。

④通过耕作翻埋杂草种子和植物残茬，混拌肥料，可以消灭病虫害等。

总之，通过对土壤的深耕细整，改善了土壤结构，提高了土壤保水保肥能力，使土壤的水、气、热、养更为协调，为种子发芽、插穗生根、根系生长创造了良好的条件。

2）土壤耕作的种类与方法

①平地：平地的主要目的是使圃地平坦，便于耕作和做苗床（垄），同时有利于灌溉和排水。平地主要在以下两种情况下进行，一是起苗后，圃地高低不平，难于耕作，应先进行平地；二是耕地后进行整个耕作区的平整，拣出石块、草根及残茬等。

②浅耕灭茬：浅耕灭茬的目的是为了防止水分蒸发，消灭杂草和病虫害，减少耕地阻力，提高耕地质量。一般是在起苗后有残根的情况下，进行浅耕层土壤的耕作，即浅耕灭茬，深度为 4～7 厘米，应在起苗后及时进行。

③耕地：又叫犁地，是土壤耕作的主要内容，要注意把握好耕地的深度及时间。

耕地深度：耕地的深度对耕地的各项效果有直接的影响，深耕不仅加强了土壤的保水、保肥能力，而且还促进了深层生土的熟化，促进了土壤团粒结构的形成，对协调营养、提高土壤肥力都有很好的效果。农谚有“深耕细耙，旱涝不怕”之说，耕地过浅则达不到上述目的。耕地的深度应根据苗木生产方法、气候条件、土壤条件及耕地季节等因素来确定。

苗木生产方法不同，对耕地深度要求也不同。一般播种育苗以 20～25 厘米为宜，因主要吸收根系分布在 20 厘米左右的土层；而扦插苗和移植苗因根系分布较深，一般以 25～35 厘米为宜。

耕地的深度还应考虑气候条件和土壤条件、季节等。气候干旱宜深，气候湿润可浅；土壤较黏宜深，砂土宜浅；另外，春耕宜浅，秋耕宜深，真正做到因土、因地、因时施耕。

耕地季节和时间：耕地一般在春秋两季进行。秋季耕地，可以减少虫害，促进土壤熟化，提高土温，保持土壤水分。秋耕一般在秋季起苗后进行，要做到早耕，因为早耕能尽早消灭杂草，减少土壤养分浪费，还可获得较长时间休闲，通过晒垡和冻垡，变死土为活土，有利于养分分解，特别是秋耕后增加了土壤孔隙度，扩大了蓄水能力，加强了接收秋冬雨雪的能力。春耕一般应在早春解冻后立即进行。

为了提高耕地的质量，还必须掌握适宜的耕地时间。只有当土壤含水量为其饱和含水量的50%～60%时，耕地质量才最好，阻力最小，最适耕作。在实地观察时，可用手抓一把土捏成团，距地面1米高自然落下，土团摔碎则为耕地的最好时机。

④耙地：耙地是耕地后的表土耕作。耕地后通过耙平地面，可以起到耙碎土块，粉碎坷垃，覆盖肥料，清除杂草，破坏地表结皮，保蓄土壤水分等作用。耙地要重视质量，要耙透、耙实、耙细、耙平，达到平、匀、细。如果耙地不好，坷垃大而多，不仅影响播种质量，深浅不匀，而且幼苗常会被大土块压住，影响出土。耙地是否适时，对耙地的效果影响很大，一般宜随耕随耙。如果土壤太湿，耕后即耙效果不好，应当待能耙碎土块时再耙。

⑤镇压：在土壤疏松及较干的情况下，为促进毛细管作用，在做床（垄）后应进行镇压，或播种后镇压覆土。所要注意的是在黏重的土壤上不要镇压，否则会使土壤板结，给育苗带来损失。此外，在土壤含水量较大时，要等湿度适宜时再进行镇压。

⑥中耕：中耕是在苗木生长期间进行的松土作业。中耕必须及时，每逢灌溉或降雨后，当土壤湿度适宜时要及时进行中耕。中耕的深度因苗木的大小而异，小苗因根系分布较浅，中耕宜浅，一般深度为2～4厘米；苗木大，根系分布深，中耕宜深，应达到7～8厘米；垄作育苗的中耕深度可达到十几厘米。

通过中耕，可以克服由于灌溉或降雨等原因造成的土壤板结，减少水分蒸发，促进气体交换，给土壤微生物的活动创造适宜的条件，提高土壤中有效养分的利用率，还可起到去除杂草的作用，从而促进苗木的生长。

(2) 育苗作业方式（整地作畦方式）。苗木生产常用的作业方式有以下5种：

1) 高床：高床（也称上床）指床面高出步道的苗床。其规格为：床高15～30厘米，一般为17～20厘米。床面宽度以0.8～1米左右为宜。用喷灌的床面可达1米以上。步道宽40～60厘米，一般多为50厘米。苗床的长度依地形而定，一般多为10～20米（图1—21）。

采用高床育苗，可增加肥土层厚度，土温较高，步道既能用于灌溉又可排水，对于起苗也非常方便。适用于要求排水良好，对土壤水分较敏感的树种，如杉木、柳杉、马尾松、广玉兰、桃等。降水量较多的地区一般采用高床育苗。

2) 低床：低床（也称下床）指床面低于步道的苗床（或称畦）。其规格为：床面低于步道15～25厘米，床面宽1～1.5米，人工操作以1米为宜。步道宽30～40厘

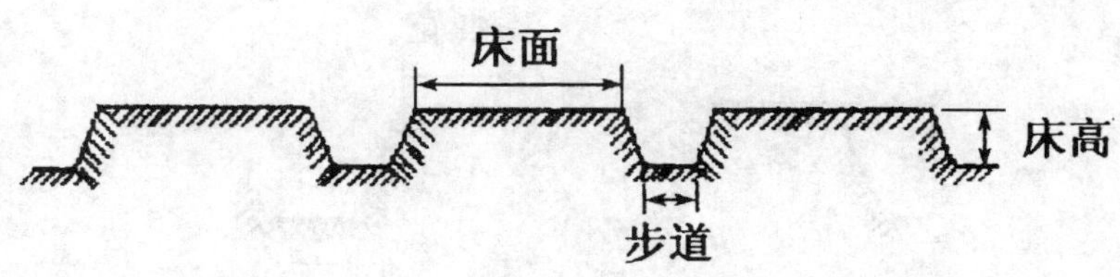

图 1—21　高床示意图

米，如果需要搭遮阳棚时，可达 40～50 厘米（图 1—22）。

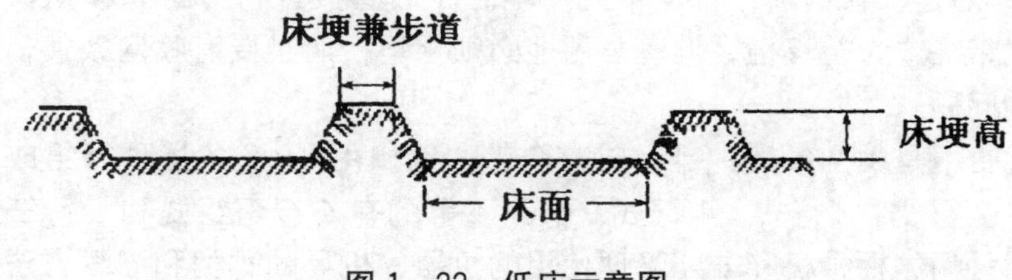

图 1—22　低床示意图

采用低床育苗，保墒条件较好，但由于灌溉易使苗床土壤板结，增加了松土的工作量，其中最为突出的是床内易积水，因此低床一般用于降水量较少、无积水的地区。对树种而言，也应选择对土壤水分要求不严、稍有积水无妨碍的树种。

3）高低床：指兼有高床和低床的一种苗床。其规格是低床床面宽 1.0～1.2 米，低于床面的步道宽 20～30 厘米，高于床面的步道宽 40 厘米（图 1—23）。

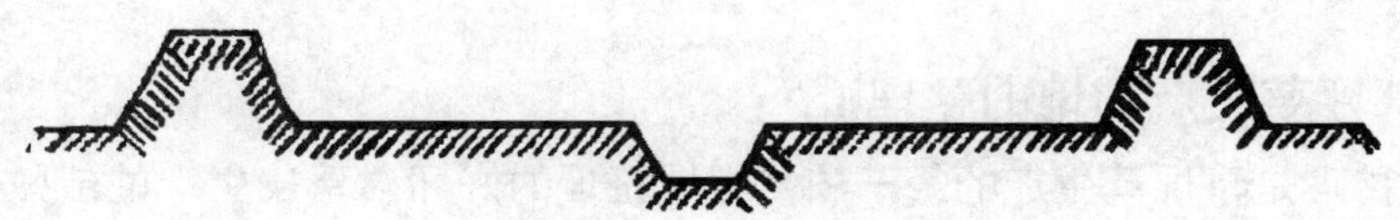

图 1—23　高低床示意图

高低床兼有高床和低床的全部优点，既有利于灌溉，又利于排水，适用于所有树种。但高低床做床费工太大，成本较高，而且不易机械化操作。

4）垄作：类似于高床育苗。其规格是：垄面宽 30～40 厘米，垄底宽 60～80 厘米，垄高 15～20 厘米，垄的宽度对垄内的土壤水分状况有直接影响。在干旱地区宜用宽垄，垄内水分条件好；在湿润地区宜用窄垄（图 1—24）。

采用垄作育苗，因垄上肥土层厚，土层疏松，垄间距较大，因而透光通风良好，培育的苗木根系发达。与高床相似，土温状况良好，又有利于排水，灌溉方便。采用垄作，方便机械化生产，节省劳力。

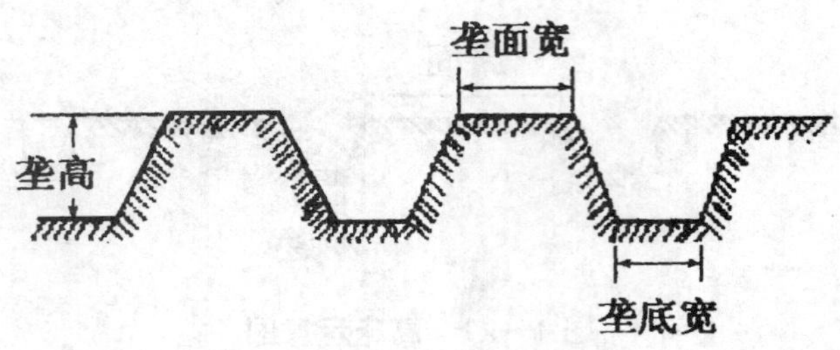

图1—24　垄作示意图

5）平作。是在育苗前，将苗木生产地整平后直接进行播种和移植育苗。平作适用于多行式带播或大苗移植，但育苗用地必须平坦，而且要有喷灌条件，否则，多有灌溉不均的问题。

多行式带播是由几条播种行组成一个带，例如用2～6条播种行组成一个带。行距相等的有2行式、3行式、4行式，行距不等的有4行两组式和6行三组式等。带宽取决于播种用的播种机和苗期管理使用的机器、机具的种类和灌溉方法等。相隔两带的边行到边行的距离称带间距，决定于使用的动力的种类等条件（图1—25）。

图1—25　平作示意图

3. 草坪草生产圃地的整理

圃地整理是草坪草生产的第一项，圃地整理的好坏对草皮生产的成败起着决定作用。草坪草生产的圃地整理大体包括场地的清理、土壤翻耕、平整、改良及消毒等工作。草坪草作为商品，应草根纠结在一起而成片状起掘，通常称其为草皮。

（1）生产场地的清理。一般来说，草皮生产场地的清理不像建坪清场那样复杂，大多数草皮生产是在原有的耕地上进行，但如果在其他场地进行草皮生产就要有计划地消除和减少障碍物，从而建立草皮生产基地。

1）清理树木：树木包括乔灌木及倒木、树桩、树根等。树木应全部迁移或伐除，圃地上残留的倒木、树桩和树根应使用推土机全面挖除并清运出圃地，以免残根破坏草皮的平整性或引起病害。

2）清除石砾：通常应将60厘米土层内的大块石砾清除干净并用土填平，表面20厘米土层内应耙除所有石块及瓦砾、垃圾等，以免影响草根的生长，阻碍草皮生产的

机械操作。

3）灭除杂草：灭除杂草是草皮生产中一项艰巨而长期的任务，一旦草种落地，若发生同步杂草危害，就更加麻烦，所以应在生产前抓紧灭除。尤其是禾本科同类杂草及具有匍匐茎或根状茎的杂草对草皮的纯洁度影响极大，必须予以彻底灭除。灭除杂草作业需要反复多次，灭除期以 1 年较为理想。灭除杂草的技术主要有以下几种：

①物理防除：物理防除是指用化学除草以外的方法杀灭杂草。常用手工或机械工具翻耕土壤，在翻挖的同时清除杂草，这样反复几次，既除了杂草，也有助于土壤风化。但单纯采用耕作拣拾的方法，是很难除尽一些具有地下根状茎或匍匐茎的杂草的。通常还采用土壤休闲来防除。土壤休闲是指在夏季地里不种任何植物，定期进行耙除作业，以去除杂草。

②化学除草：化学除草是指用化学药剂杀灭杂草的方法。通常应用高效低毒、残效期短的灭生性除草剂，按常规方法防治，用药要注意主要防除对象。化学除草最有效的方法是使用熏杀剂和非选择性的内吸性除莠剂。

利用除莠剂除草应在杂草长到 10 厘米时，并在进行土壤翻耕前 7～10 天施用，以便杂草将除莠剂吸收并转移到地下器官，使整个植株枯死。常用的有效除莠剂有茅草枯、磷酸甘氨酸、草甘膦等。药物的使用量一般为 0.2～0.4 毫升/平方米。

熏蒸法是进行土壤消毒的有效方法，是用高挥发性的农药施入土壤来有效清除大多数杂草、线虫及病虫害的过程。熏蒸措施在草皮生产中经常使用。一般在熏蒸前，对土壤进行深耕，以利于药物侵入目标，施药温度不应低于 10℃，并让土壤具有一定湿度，以保熏杀剂的活性。常用的草坪熏杀剂有溴甲烷、氯化苦、棉隆、威百亩等。具体操作是用人工或专用设备在离地面 30 厘米处支起薄膜，用土密封薄膜边缘，将采用的熏杀剂放在密封的薄膜棚内蒸发器中，使熏杀剂在薄膜棚内充分蒸发，达到熏杀目的。

③生物除草：主要是结合种植绿肥、先锋草等，迅速形成地面覆盖层，抑制杂草生长。实施生物除草可兼收除草与培肥土壤的双重效益。

④杂草综合防除：上述三种技术，都能有效去除杂草，但若能先进行化学除草，然后再耕耙，效果倍增。生物除草则在于抑制杂草种子萌芽，使杂草种子失去发芽率。因此，综合运用物理、化学、生物除草技术，既达到了清除杂草的目的，又培肥了土壤。

（2）翻耕土壤。翻耕土壤是为生产草坪草而进行土壤准备的第二步，包括犁地、耙地等连续操作。翻耕的目的是改善土壤通透性，提高持水能力，减少根系深入土壤的阻力。翻耕应在适宜的土壤湿度下进行，一般以用手捏土团抛到地上能散开为宜，严禁雨后翻耕（因雨后翻耕易形成大土块）。翻耕作业最好在秋冬季节进行，因为此时气温较低且较干燥，有利于翻转土壤的碎裂。一般翻耕的深度不低于 30 厘米。

土壤翻耕首先是犁地。犁地就是用犁将土壤翻转，然后进行耙地作业。耙地是为了破碎土块，以改善土壤的颗粒状况，促使表面平滑。耙地一般使用圆盘耙进行。土壤中的土块应破碎得很均匀，如有少许土块直径大于3厘米，而土块又较硬，应在灌水后对这些土块再次进行破碎处理。

（3）平整作业。当土壤翻耕完成后，就开始圃地的平整作业。平整主要包括粗平整和细平整两项工作。粗平整是对地面的等高处理，通常是挖掉凸出部分、填平低洼部分。作业时应为整个生产场地设一个理想的水平面，把标桩钉在固定的坡度水平之间，如果填方应考虑土的沉降问题，必要时可进行镇压处理以加速沉降。细平整是在粗平整基础上对局部进行平整；使坪床表面平滑，场地平坦，为草坪草生产做好准备。细平整一般在播种前进行，以防止表土板结，同时还应注意土壤的湿度。如果在小面积的坪床上进行细平整，最好的办法是人工平整；对于大面积的平整，需要借助专用设备。

平整作业的重要性在草皮的收获方面尤显突出。草皮切割机是利用一个往复式刀片将草皮从土壤中切下，刀片是按均一的厚度进行切割的，与地面保持平行前行。在操作时，如遇小丘、小沟或凹坑时，刀片就无法与地面保持平行，无法按均一的厚度对草皮进行切割。如果土壤表面出现一个凹坑，切割下的草皮块上就会出现一个空洞，这样的草皮就只有报废，造成不必要的损失，因此，应提高平整的质量。另外，平整还有利于排水，避免洼地积水或降地干燥等。平整土地应从不同方向进行，如果土壤太松软（脚印3厘米深），可用扁平辊镇压，扁平辊一般不会造成土壤的紧实。

近年来，出现了激光制导的土壤平整设备，这项技术在国外已被广泛利用，大多数草坪草生产都用激光制导平整设备。该设备对土壤生产力有显著提高。

（4）改良土壤。改良土壤的目的在于提高土壤肥力，保证草坪草正常生长所需的土壤环境。理想的草坪草生长土壤应是土层深厚，排水良好，pH值在6.5左右，质地适中的壤土。改良土壤可在场地平整完成之后，也可在翻耕时同时进行。常见的改良项目有：

1）土壤质地的改良：大部分草坪植物对土壤质地的适宜范围较宽，但不论何种草坪草，壤土都是最适宜的。根据我国土壤质地分类标准，对砂土和黏土都应进行改良。改良方法是：黏土中掺砂，砂土中掺泥，用有机肥改良是最好的办法。为达到高效目的，必须在土壤上层15～20厘米处均匀撒布并充分混合，以达到“土肥相融”。常施用的有机物质有泥炭、有机肥、锯末等。泥炭是一种优良的土壤改良剂，方法是将1.3～4.8立方米泥炭加在100平方米的土壤上，相当于铺1.5～5厘米厚的一层或5千克/平方米，量大效果更佳。当然，泥炭在混入土壤前应洒水使其湿润，其他堆肥、沤肥、厩肥等有机肥料，施用时必须注意充分腐熟，否则将后患无穷。通过改良使土壤质地在壤土或砂壤至黏壤土范围内。土壤质地的好坏在很大程度上影响土壤肥

力的发挥。

2）改良土壤结构：土壤结构是指土壤团聚体的排列方式。团粒结构是草坪草生长最好的土壤结构，正确地翻耕可以改善土壤结构状况，结合施用有机肥料或填充有机物料，使之混入 15～20 厘米的土层内，改土效果会更理想。近几年来，还采用人工制造的胶结物质来改良土壤结构，目前，使用的商品改良剂有水解聚丙烯腈(HPAN)、聚乙烯醇（PVA)、聚丙烯酰胺（PAM）等。

3）调节土壤酸碱度：不同草坪草的品种适应不同的 pH 值范围，但几乎所有的草坪草在微酸性至中性范围（pH 值为 6.0～7.0）内生长良好（表 1—4）。若土壤偏酸(pH 值 5.5 以下）或偏碱（pH 值 8.0 以上）则应改良，通常采用施用石灰、煤渣来改良酸土，施用石膏等来改良碱土。而种植绿肥、先锋草或增施有机肥等，对改良酸土或碱土均有效。

表 1—4　主要草坪草适宜 pH 值

草坪草种	适宜 pH 值	草坪草种	适宜 pH 值
普通狗牙根	5.7～7.0	一年生早熟禾	5.5～6.5
改良狗牙根	5.7～7.0	草地早熟禾	6.0～7.0
巴哈雀稗	6.5～7.5	普通早熟禾	6.0～7.0
野牛草	6.0～7.5	加拿大早熟禾	5.5～6.5
近缘地毯草	5.0～6.0	一年生黑麦草	6.0～7.0
假俭草	4.5～5.5	多年生黑麦草	6.0～7.0
结缕草	5.5～7.5	细羊茅	5.5～6.8
沟叶结缕草	5.5～7.5	苇状羊茅	5.5～7.0
钝叶草	6.5～7.5	细弱翦股颖	5.5～6.5
格兰马草	6.5～8.5	匍匐翦股颖	5.5～6.5
冰草	6.0～8.0	绒毛翦股颖	5.0～6.0
猫尾草	6.0～7.0	无芒雀麦	6.0～7.5

4）改良土壤有机质：增加土壤有机质含量是一项对任何土壤都行之有效的改良措施。增加有机质含量，就能有效改良土壤理化性质，增强土壤综合肥力，使草坪草与土壤之间形成良性循环。增施有机肥是增加土壤有机质的有效方法，因此，应在圃地准备时，尽量分层、分批施足，为今后草坪草的生长创造良好的根际土壤。

(5）施基肥。草坪草的正常生长发育，需要各种养分的保证，其中以氮、磷、钾为主要养料。在施放有机肥作基肥时，应加入一定比例的化肥。氮、磷、钾三种元素的复合肥，在草皮生产中应用较多，其中的高磷、高钾、低氮的复合肥可作基肥施用。基肥的施用主要是全面施肥，首先是均匀地撒在土壤表层，然后再经过翻耕，将肥料耕入土层，基肥的用量根据土壤的肥力及草坪草的喜肥性等来确定。

4. 园林植物生产圃地肥力培养

园林植物生产圃地的耕作层，经多年苗木培养，从土壤中吸取了大量的矿物质养分。实验表明，苗木实际从土壤中吸取的养料数量，比苗木测定需肥量大十几倍至几十倍。因此，生产多年的圃地应考虑土壤养分及时补充，避免掠夺式生产。

圃地成苗出圃，要求带土球，苗木规格越大，土球规格越大。例如，桧柏绿篱苗出圃，据统计出圃时使原地表下降 8 厘米，一次出圃，表层耕作营养土损失近 1/3，如果是大规格苗木出圃，损失会更大。另外，普通草坪草的生产对土壤的破坏力也较大，每出售一次草皮，带走一层表土，而且草皮生产周期短，久而久之，使土壤生产能力大大降低。园林苗木生长周期长，同一品种在同一营养环境下长时间生存，必然导致土壤中某些营养元素的短缺，一些有害物质、微生物的积累。因此，园林苗木的生产必须重视圃地肥力培养。

针对上述问题，必须做好圃地的肥力培养工作，以便持续进行园林植物生产。方法是：

（1）回填耕作土。针对苗木出圃带走大量耕作土的问题，必须认真做好回填土的工作。回填土作业应列入生产计划中，根据出圃品种、规格，带走的土方量在整地前及时回填。

（2）增加圃地土壤有机质含量

增加有机质含量是改善土壤理化性质的关键。有机质来源于动植物残体及排泄物，是土壤养分的重要来源，能提供大量的氮、磷、钾及钙、镁、硫等各种元素。试验表明，植物吸收的氮素，其中 2/3 来自有机质，1/3 来自肥料。增加有机质含量能促进土壤团粒结构形成，改善土壤理化性质，协调水、气、热状况。有机质还能改善土壤的生物学性质，促进微生物的活动。

除此之外，有机质还能减轻农药残毒和重金属危害，刺激植物生长，增强植物抗逆性，并能促进土壤矿物风化和养分有效化。

园林苗木生产圃地要建有专门的积肥场，用于堆沤、积累各种有机质，如树枝、树叶、杂草及各种有机肥料等。然后，将这些有机质有计划地以基肥形式投放到圃地中去，进行土壤培肥。种植绿肥也是补充土壤有机质的另一有效途径。

（3）轮作与休闲。为了培养土壤肥力，园林植物生产圃地应进行轮作与休闲。众所周知，园林苗木及花卉、草坪草品种繁多，习性各不相同，对养分需求也各有侧重，轮作与休闲的主要作用在于恢复土壤结构，提高肥力，预防和减轻病虫害。如在树种上，可进行针叶常绿树与阔叶树轮作，深根性树种与浅根性树种轮作等。休闲不能理解为放荒或弃管，而是应进行秋耕或晒地，还应种植一些绿肥来增强土壤有机质含量或利用豆科植物来固氮等。

实训六　耕地训练

一、实训目的

耕地是园林植物生产的基本操作技能之一，虽然在今后的工作中机耕的比重会越来越高，但手工耕地训练可以培养学生的劳动观念，掌握基本农具的使用方法和耕地的技能。通过训练，要求学生掌握耕地的方法和要求以及农具的使用方法。

二、实训工具

准备锄头、铁钯。

三、实训方法

1. 耕地前应进行实地观察，在适宜的土壤含水量时进行耕地。判断的方法是用手抓一把土，捏成团后摊开手掌土团能自然碎裂，表明土壤含水量适宜可以耕地，否则将影响耕地效果。

2. 耕地应按一定方向有序进行全面翻耕土壤，不能有遗漏。

四、实训要求

训练前明确耕地深度，一般播种地以 20～25 厘米为宜，扦插地和移栽地一般以 25～35 厘米为宜。在安排学生进行耕地训练时，教师首先要求学生掌握耕地要领，并做示范，然后安排每位学生翻耕一定面积的圃地。训练完成后要组织学生进行评估。

实训七　做苗床训练

一、实训目的

掌握园林植物生产用苗床的规格及制作要求。苗床根据其繁育苗木的功能不同，可分为播种床、扦插床、移栽床、培大床等，它们对精细程度的要求以播种床最高，所以做苗床训练以选择做播种床为宜。

二、实训工具

准备锄头、铁钯、铁锹。

三、实训方法

1. 去杂物。将经翻耕过的圃地上的杂草、石块、瓦片等拣出。

2. 细碎土块。播种床要求地表下12厘米范围内不能有较大的土块，所播种子颗粒越细小，要求土粒越细，所以要将土块彻底细碎。

3. 耙平。播种床必须平坦，不能有积水现象，如土壤过于疏松，要进行适当镇压，然后再用铁钯把床面整平。

4. 作苗床。播种床应按一定规格要求做床，以高床作为训练对象。其规格为床高15～25厘米，床宽0.8～1米，步道40～50厘米。在做床时，床面和两侧要用铁锹拍实，与地面夹角一般不小于45°。

四、实训要求

训练前要让学生明确做什么样的苗床。在安排学生进行做播种床训练时，应首先要求学生掌握做播种床的要领，并给学生做示范，然后安排每位学生做3～5米长的播种床。训练完成后要组织学生进行评估。

实训八　做草皮生产圃地训练

一、实训目的

掌握草皮生产土壤的翻耕、整理作业。

二、实训工具

准备锄头、铁钯、铁锹。

三、实训方法

1. 深耕晒地，并结合施基肥。翻耕深度一般在20～30厘米。

2. 碎土做畦。具体要求为细、实、平、净。细即土粒直径不能大于2厘米，以免影响草种扎根；实即上松下实，面层下无大土块；平即耕地前粗平，耕后复平，整地后细平，达到耕层深浅一致，灌水后无积水；净即清除草坪草生长的障碍物，如石块、杂物及杂草。圃地做宽畦，宽5～10米，长20米，畦沟20厘米，沟深20厘米。

四、实训要求

训练前要让学生明确要求，在安排学生进行做草皮生产圃地训练时，应首先要求学生掌握操作要领，并给学生做示范，然后安排每位学生做3～5米长的草皮生产的宽畦。训练完成后要组织学生进行评估。

第四节　栽培基质知识及基质配制

前面已对作为栽培基质的土壤作了一定篇幅的讲述，随着科学技术的进步，园林植物生产已不再单一地用土壤作为栽培基质，而是引入了大量的非土壤材料，即栽培基质。栽培基质是植物生长发育的载体和基础，为植物提供水分、营养，并对植株起支撑作用。常用的栽培基质分为两类，一类是土壤混合基质，另一类为无土基质。土壤混合基质指土壤含量在25%以上的栽培基质，无土栽培基质则是不含土壤的栽培基质。栽培基质种类和配比很多，在实际使用时应选择具有良好理化性质，通气、排水良好的材料，并能因地制宜，就地取材，做到适合植物的生长特性。

一、理想栽培基质的要求

自然土壤是由固相物质、液相物质和气相物质三者组成。固相物质具有支持植物，并提供养分的功能，液相物质具有提供植物水分和水溶性养分的功能，气相物质具有为根系提供氧气的功能。理想的栽培基质，其理化性质应类似于土壤，或较土壤更具优越性，应满足以下要求：

(1) 能够固定植株，具有足够的强度支持植物地上部位不发生倾倒。

(2) 具有稳定的结构和物理性质。总孔隙度大，达到饱和吸水量后，还能保持大量空气，具有良好的通透性。吸水率大，持水、保肥力强。绝热性较好，不会因环境过冷过热而阻碍植物生长，妨碍根系活动。

(3) 具有稳定的化学性质。不受pH值变化的干扰，pH值容易调节。pH值是衡量基质水溶液中氢离子浓度的指标，无土基质pH值以5.4～6.0为宜，土壤混合基质pH值为6.2～6.8。基质的pH值会随使用时间长短、水分含量等而发生改变。自身具有肥力则更好。

(4) 本身不带病虫害，外来病害不易滋生。消毒、灭菌不会发生变质，便于重复使用。

(5) 安全无污染，没有令人难闻的气味，不诱昆虫鸟兽，对人体、植物及周围环境无害。容易清洁卫生，沾在地上、手上、衣服或地面上极易清洗。

(6) 对土壤无污染，本身是一种良好的土壤改良剂，即使在土壤中含量很高也不会产生有害作用。

(7) 轻便美观，能适应室内装饰的需要并与花卉及环境相协调。重量轻，搬运方便。管理简便，易于操作及标准化。

(8) 不受地区资源限制，便于工厂化批量生产。价格低廉，使生产者或用户经济上能承受。

二、常用栽培基质材料及其特性

从广义上来说，凡是能固定植物根系并为植物提供养分的材料均为栽培基质，因此土壤也是栽培基质；而从狭义上来说，是除土壤以外的固定植物根系并为植物提供养分的材料，特称为无土栽培基质。

1. 腐叶土

腐叶土是用阔叶树的落叶堆积腐熟而成。在有阔叶林自然形成腐叶土的地方，可去采集应用，以栎树、榆树叶最为理想。通常，肥厚多汁的树叶不宜用，因水分过多，会影响树叶的好气分解。一般，经过两年的堆积就可使用，如果堆腐时间过长，会引起养分损失。腐叶土呈酸性反应，pH 值为 4.6～5.2，不含石灰质，可用于各种花卉栽培。

2. 堆肥土

堆肥土又称混合肥土，是花卉栽培广泛应用的一种土壤。它以植物的枯枝落叶、杂草、易腐垃圾等作原材料沤制而成。沤制时，选择避风荫蔽、地势较高的地方，将上述材料堆积成长形堆，高约 1.5 米，宽约 2.5 米。堆积时，要一层层堆，要堆得疏松不要压紧。为防风干，可在堆面上覆盖一层土或其他覆盖物。如材料过干，可适量喷水，如果能添加少量稀粪则更好，但不能过湿，过湿会助长嫌气菌活动，使养分失散。在堆积过程中，每年需翻动两次，并重新堆积，把上面和两侧露在外面未腐烂的材料翻到中央，经过三年堆积，过筛的堆肥土经消毒，即可作为各种花卉的栽培用土。

3. 泥炭土

泥炭土又称草炭、黑土，由泥炭藓或常年积水处生长的苔草属等炭化而成。由于形成阶段不同，分解程度略有差异，但却都含有大量的有机质，疏松、通透性好，无病虫害，具有防腐作用，是优质的栽培用土，适合栽培要求根系透气的花卉。

4. 针叶土

针叶土由针叶树种的落叶残体堆积腐熟而成，以云杉、冷杉的落叶所形成的较好，松、柏等落叶较差。针叶土是强酸性基质，对杜鹃类喜酸植物尤为适宜。

5. 田园土

田园土是富含有机质的菜园土或耕作层的大田土，常用来与其他材料共同配制成适合植物生长发育的栽培基质，适合于栽种对栽培基质要求不高的花卉。

6. 草皮土

草皮土是将草地牧场表层厚 5～8 厘米的草皮，连根掘起，草根向上，一层层堆

积起来，经过1年腐熟而成。草皮土多呈现中性至碱性反应，在使用前应筛去石块及老化根茎等。水生花卉很适合草皮土。

7. **河沙**

河沙一般不含养分，排水通畅，单独使用仅适合做播种和扦插育苗的基质，多作为辅助材料掺入土壤中增加混合基质的通气排水性能。

8. **塘泥**

塘泥是河、塘的肥沃淤泥，晾干后质地坚硬，富含有机质，养分全面，肥效长而稳定。由于塘泥长期处于水下，在挖出后要经过一段时间的存放晾干，促使有机质分解，然后再使用。塘泥一般呈碱性反应，不适合栽种典型的酸性土花卉。由于质地过黏，使用时要掺入透气性强的材料。

9. **江浙山泥**

江浙山泥俗称兰花泥，由枯枝落叶长期腐烂而成，呈微酸性，质地疏松，一般分布在山上有兰花、杜鹃花等生长的地方，适合栽种酸性土花卉。

10. **峨眉仙土**

峨眉仙土是近年开发的一种盆栽用土，较适于栽种兰花和其他根部要求透气性好的植物，是四川峨眉山地区发现的一种类似泥炭土的土，由千万年来植物的枯枝落叶经堆积、分解、淋溶而形成。峨眉仙土不似泥炭土那样疏松，挖出来呈块状，加工成颗粒状后，颗粒遇水不散，腐殖质含量较高，微酸性，使用时破碎成0.3～1.5厘米，粗的放在下层，细的放在上层。

11. **蛭石**

蛭石是硅酸盐原料在1 000℃高温下膨胀而成的，自身不含养分，具有质轻、疏松、保水肥的优点，但不要长期使用。因蛭石易破碎而变致密，从而导致通气、排水性能变差；此外，它还有一个缺点，就是沾在手上、衣服上、地上不易清洁，常用于无土栽培和掺入土壤中增加透气性。

12. **膨胀珍珠岩**

膨胀珍珠岩是岩浆岩经1 000℃高温煅烧而成的封闭多孔性小颗粒，乳白色，通气排水性好，无营养成分，可多次使用，常用于无土栽培和掺入土壤中增加疏松透气度及保水性能。

13. **陶粒**

陶粒用黏土经800℃高温煅烧而成，外壳硬，内部结构松，呈海绵状。颗粒大小多为横径0.5～1厘米，质地轻，能浮于水面。陶粒具有化学性质稳定，透气、排水良好，保水、保肥性适中，安全卫生的特点。适合种植根系要求透气性好的花卉，但

不宜用作根系纤细的植物，如杜鹃等。

14. 岩棉

岩棉是由60%辉绿岩，20%的石灰岩和20%的焦炭混合后，在1 500～2 000℃的高温中熔融，然后喷出直径为0.000 5毫米的细丝，再按需要压成四方体（10厘米×10厘米×7.5厘米）或板片形状，然后冷却到200℃，用酚醛树脂等进行处理，使之具有保水性。岩棉商品名为格罗丹，一种是格罗丹绿，一种为格罗丹蓝。现在，岩棉被认为是最好的栽培基质之一，广泛用于花卉无土栽培。岩棉质轻，不会腐烂分解，透气性好，水、气比例合宜。但岩棉是不可分解的，废弃后在土壤中会破坏土壤性质，被视作污染物质。

15. 泡沫塑料

泡沫塑料种类繁多，作栽培基质的主要有脲醛泡沫、酚醛泡沫和聚有机硅氧烷泡沫等。以脲醛泡沫塑料为代表，现又称为人工土。脲醛泡沫塑料pH值为6.5～7.0，气水比为1∶7.13，最高饱和吸水量可达自身重量的10～60倍之多，有弹性，园林中应用的脲醛泡沫塑料富含各种营养元素，色洁白，可染色，无味，pH值可随意调节，价格低廉，管理简便，可100%单独代替土壤长期栽种植物，也可与其他材料混合使用。我国近年开发成功的“花舒”脲醛泡沫塑料在环保方面无污染，可广泛用于花卉生产、草坪草、苗木生产及组培中。泡沫塑料不是土壤而胜似土壤，具有广阔的开发前景。

16. 椰糠

椰糠外形与泥炭相似，是加工椰壳的副产品。椰糠保水性和通气性极佳，并不含杂草种子和病原菌，pH值为4.5～6.9，结构非常稳定，密度低，但使用成本高。椰糠主要用作高档花卉的无土栽培。

17. 煤渣

煤渣具有疏松、透气、保水的特征，颗粒大的在使用前要粉碎，经筛选，以2～5毫米的颗粒为宜。煤渣用于无土栽培或掺入土壤中增加透气性。

除上述材料外，蕨根、木屑、刨花、砻糠灰等均可作栽培基质的配制材料。

三、栽培基质的配制

栽培基质一般是由几种性质不同的原材料配制而成。虽然由于各地条件不同，原材料来源不同，所以配制方法、比例也不尽相同，但主要有土壤混合基质的配制（俗称培养土）以及无土基质配制两种。

1. 土壤混合基质的配制

土壤混合基质由于基质中土壤含量在25%以上，因此一般与土壤性质相似。因其

内加入了膨胀珍珠岩、泥炭、砻糠灰或其他材料，使得其密度降低，通气性改善。其优点是阳离子交换量高，对长期栽培植物非常有利，另外，土壤成分的存在对稳定基质的 pH 值具有很好的缓冲作用，但其优良的保水性可能不利于幼苗形成发达的根系。

(1) 普通配方。可分为黏重、中度和轻度栽培基质三类。

1) 黏重栽培基质：园土∶腐叶土∶河沙＝3∶1∶1

2) 中度栽培基质：园土∶腐叶土∶堆肥土∶河沙＝2∶1∶1∶1

3) 轻度栽培基质：园土∶腐叶土∶河沙＝1∶3∶1

(2) 播种用配方。其配合比例以种子大小而定。

1) 细小种子：腐叶土∶园土∶河沙＝5∶2∶3

2) 中等种子：腐叶土∶园土∶河沙＝4∶4∶2

3) 大粒种子：腐叶土∶园土∶河沙＝5∶4∶1

(3) 常用容器苗木栽培基质配方

1) 泥炭∶壤土∶沙子＝1∶1∶1

2) 草炭∶蛭石∶森林土＝3∶2∶5

3) 腐殖土∶草炭＝1∶1

(4) 其他常用配方

1) 园土 50%、泥炭 25%～50%、蛭石 0～25%。

2) 腐叶土 50%、泥炭 30%、堆肥土 20%（堆 30 厘米厚），1 年后粉碎使用。

3) 园土、锯末、堆肥土各 1/3。

4) 田园土 3 份＋草炭 2 份＋河沙 2 份＋膨胀珍珠岩 3 份。

2. 无土基质的配制

无土基质是不含土壤的栽培基质，一般采用人工材料或其他天然材料。其优点是结构较稳定，保水性优良，可重复利用，密度低，搬运方便，成本低等。但无土基质阳离子交换量低，因此要不断进行施肥，而且无土基质容易干燥，另外，还需加入一些密度高的基质，以增加栽培基质的重量。

(1) 常见草皮生产基质配比：膨胀珍珠岩∶蛭石∶泥炭＝4∶3∶3

(2) 常见容器育苗栽培基质配方：草炭∶蛭石∶膨胀珍珠岩＝5∶3∶2

(3) 常见花卉栽培基质配方举例见表 1—5。

表 1—5　　常见花卉栽培基质配方

石斛兰	泥炭∶碎砖屑＝3∶2
埃克花	泥炭∶蛭石∶沙子∶膨胀珍珠岩＝5∶3∶3∶1
观赏辣椒	松树皮∶泥炭＝1∶1
四季秋海棠	泥炭∶膨胀珍珠岩∶蛭石＝1∶1∶1

四、栽培基质消毒

为防止栽培基质中存在的真菌、细菌、线虫等引起病虫害，栽培基质一般均要进行消毒，常用的消毒方法有蒸汽消毒和药剂消毒两类。

1. 蒸汽消毒

将配制好的栽培基质装入密闭的铁制蒸汽导入容器中，1小时后即可。

2. 药剂消毒

配方一：将福尔马林配成1∶(50～100)的溶液，用塑料薄膜覆盖封闭1天，开封2天后方可使用。

配方二：氯化苦1∶50封闭3天，开封3天后使用。

配方三：溴甲烷1∶50封闭2天，开封3天后使用。

另外，在操作时还要注意栽培基质的湿度要适宜，不可太干，也不可太湿，如果太干可喷少量清水湿润，但又不能过湿成团。

实训九　配制土壤混合基质训练

一、实训目的

土壤混合基质是传统花卉栽培常用基质，学生必须掌握其配制方法。通过配制训练，使学生掌握园林植物栽培中以土壤为主的混合栽培基质的配制方法及各类花卉对栽培基质的要求。

二、实训材料

以当地某种习见花卉的栽培基质配制为练习对象，教师根据该花卉对栽培基质配方的要求准备好适用的土壤以及其他的原材料，如泥炭、膨胀珍珠岩等，所使用的土壤应是细碎过筛后的。

三、配制方法及要领

将准备好的土壤及其他原材料按配方要求的比例进行混合。混合时，一边将各种材料混在一起一边进行拌和，一边进行淋水，使所配制的基质材料混合均匀且有合适的湿润程度。

四、实训要求

训练前明确所配基质用于栽培何种花卉，也就是明确要配什么样的基质。

安排时间让学生根据所学知识讨论适用的基质配方，教师在旁指导，确定配方后在教师指导下进行配制。训练完成后要组织学生进行评估。

实训十　配制无土基质训练

一、实训目的

无土基质常用于盆栽中高档花卉，对于无土基质的配制，学生同样要掌握其基本方法及各类花卉对栽培基质的要求。

二、实训材料

以当地某种习见花卉的栽培基质配制为练习对象，教师根据该花卉对栽培基质配方的要求准备好适用的基质原料，如泥炭、膨胀珍珠岩等。

三、配制方法及要领

将准备好的原材料按配方要求的比例进行混合。混合时，一边将各种材料混在一起一边进行拌和，一边进行淋水，使所配制的基质材料混合均匀且有合适的湿润程度。

四、实训要求

训练前明确所配基质用于栽培何种花卉，也就是明确要配什么样的基质。安排时间让学生根据所学知识讨论适用的基质配方，教师在旁指导，确定配方后在教师指导下进行配制。训练完成后要组织学生进行评估。

思考与练习

一、列举题

1. 园林植物生产常用的手动工具有哪些?
2. 园林植物生产常用的机（电）动工具有哪些?
3. 列举几种常见的喜酸植物。
4. 列举 10 种园林植物生产的常用栽培基质。

二、名词解释

1. 园林植物生产设施
2. 微灌系统
3. 中耕
4. 耙地

5. 高床
6. 低床
7. 高低床
8. 平作
9. 浅耕灭茬

三、问答题

1. 园林植物生产设施温室有哪几种类型?
2. 苗圃地根据育苗需要可分为哪些常见作业区?
3. 土壤耕作有哪些作用?
4. 草坪生产圃地的整理包括哪几道工序?
5. 园林植物生产圃地肥力培养的方法有哪些?
6. 理想栽培基质的要求有哪些?

四、填空

1. 园林植物的喷灌系统一般有________、________、________三类，由水源、水泵、________、________、________等组成。

2. 园林苗木生产从土壤质地看，应选择________；从土壤结构看，应选择________。

3. 大多数植物适宜在 pH 值为________的范围内生长，即________至________范围。

五、能力拓展题

1. 根据以下分类制作园林植物图片资料集，共计 100 种。

（1）园林树木 55 种
- 乔木 30 种
- 灌木 10 种
- 藤木 10 种
- 竹类 5 种

（2）花卉 35 种
- 一二年生花卉 10 种
- 多年生花卉
  - 宿根花卉 5 种
  - 块根花卉 5 种
  - 鳞茎花卉 5 种
  - 球茎花卉 5 种
  - 根茎花卉 5 种

（3）地被植物 10 种

2. 根据观花、观果、观叶的植物分类方法制作图片资料集（各 10 种，共计 30 种)。

3. 选择一种你喜爱的花卉植物，根据该植物的习性特点为其配制 1 份无土栽培基质，说明配制的方法、理由、材料，并进行 1 个月的培育，观察其生长情况，检验基质配制的合理性，通过拍照记录全过程，制作成 PPT 进行班级交流。

第二章 园林植物生产基本操作

学习目标

◆掌握园林植物繁殖技术，包括播种、扦插、嫁接、分株和压条等繁殖方法，重点掌握播种、扦插和嫁接技术

◆掌握园林植物生产过程中的基本抚育管理措施，包括分栽培大、松土除草、施肥、排水灌溉、苗木修剪整形技术等，重点掌握分栽培大和修剪整形技术

◆掌握园林植物的起掘技术，重点掌握土球的包扎技术

第一节 园林植物繁殖知识

所谓繁殖，是指包括植物在内的所有生物繁衍后代的行为。种子植物在其进化过程中产生了种子这种繁殖器官。在自然界，植物以种子繁衍后代作为主要繁殖方法，但也有少数植物以鳞茎、根状茎、块根等变态器官延续种族。在生产上，园林植物繁殖就利用了植物的这种特性。另外，利用植物器官具有再生能力的特性，可以进行扦插等营养繁殖。园林植物的繁殖可分为有性繁殖和营养繁殖。

一、有性繁殖

种子是植物通过性细胞结合而形成的繁殖器官，所以用种子繁殖后代的方法称为有性繁殖，生产上也称之为播种繁殖。用种子繁殖产生的苗，如果是园林树木的苗，则被称为实生苗。

植物的种子具有大小差异，因而播种的方法也因种子大小而异，在生产上有点播、撒播和条播之分。由于播种方法不同，在学习时要分别训练。而在花卉生产中，传统的播种方法已经不能适应工厂化生产的需要。在工厂化生产中为了使花卉出苗率高，出苗整齐，多用穴盘播种。所以，穴盘播种方法也是学生的训练内容之一。

播种繁殖的工序包括播前准备、播种和播后管理等环节。尽管现在播种已有机械作业，但手工作业仍是基础，学生必须加以掌握。

1. 常规播种繁殖

播种繁殖是利用植物固有的繁衍后代的自然属性，将种子播于土壤中或栽培基质中，满足其对水分、温度和氧气的要求，使其吸水膨胀，胚根突破种皮扎入土壤或基

质中，胚芽伸出土壤或基质表面向上生长，形成幼苗。以人工的方式将种子播于播种床上并形成幼苗的过程即为常规播种繁殖。

(1) 准备繁殖床。繁殖床是播种育苗专用的苗圃用地，土壤需要精细耕作。用于播种繁殖的繁殖床称为播种床。播种床要选择在地势较高、排水良好、灌溉方便的地段。要求土壤质地疏松、土层深厚、微酸性的沙质壤土。

1) 耕地：播种前，对选定做播种床的圃地要做好深耕施肥，清除杂草、石块以及其他杂物，耕地深度为30厘米左右。

2) 做床：播种床筑成宽1～1.2米、高20～25厘米的高床。长度可根据实际环境而定，但一般不超过20米。

3) 搭荫棚：即使是阳性植物，其幼苗也不能忍受过强的光照，所以，播种床上方要有荫棚，在光照强烈时遮阳，保证园林植物幼苗在适宜的光照条件下生长。荫棚的高度为2～2.5米，在播种前搭好备用。

(2) 播种。所谓播种即是将种子播入土壤或基质中去的过程。播种方法有点播、撒播和条播三种。通常，大粒种子多用点播，细粒种子以撒播为主，而中小粒型种子以兼有以上两者特性的条播为主。

1) 点播：将种子按一定的株行距播入土壤或基质中的播种方法称为点播。发芽率高的种子每个播种点上仅播入1粒种子，发芽率低的种子则每个播种点可播入2粒或3粒种子。点播繁殖的特点是：该播种法具有株行距，幼苗出土后通风状况良好，生长健壮，苗期抚育比较方便，但费工，如果种子质量不好、出苗率低的话，缺株现象严重。

①挖穴：按一定的株行距在播种床上挖好播种穴，也可按行距开沟后再按株距将种子播于沟内。穴或沟的深度以播下种子后覆土与畦面平为宜。点播的株行距应根据树种的特性、自然条件、技术措施及苗木培育年限来决定。

②下种：按种子发芽势强弱，每穴播1～3粒种子。播时根据胚根从种子中伸出的部位摆放种子，并使发芽部位朝向一致，便于胚根伸入土壤和出土后幼苗排列整齐。

③覆土：种子播入穴内或沟内后立即进行覆土，以免播种穴、沟内的土壤和种子干燥。覆土要求均匀，厚度适宜，否则，幼苗出土参差不齐，疏密不均，影响苗木的产量和质量。覆土厚度一般以种子直径的2～3倍为宜。覆土过薄，种子容易暴露，受风吹日晒，得不到发芽所必需的水分，也容易遭受鸟兽危害；覆土过厚，则会因土壤透气性减弱，土壤日晒增温作用减弱，不利种子发芽，也会使幼苗出土时间延长而徒耗养分而使幼苗长势减弱。

在确定覆土厚度时，必须考虑种子的大小、种子发芽特性，苗圃地的气候、土壤条件，播种时期和管理措施等。通常，子叶出土的种子覆土应较子叶留土的种子薄

些；土壤较黏重的圃地应较疏松土壤覆土要薄些，春播应较秋播覆土薄些。

④镇压：一般干旱地区及土壤疏松的苗圃地，为了使种子与土壤密切结合，恢复土壤毛细管作用，种子能够得到发芽时所需的水分，覆土后要用镇压器进行镇压。

2）撒播：将种子随机均匀地撒于播种床上的播种方法称为撒播。细粒种子以撒播为宜，其作业方法与点播在许多方面是相同或相近的，只是下种的方法和覆盖明显不同。撒播的特点是播种量大，土地利用率高，但成苗后的抚育管理比点播难些，出苗后应及时间苗、定苗。

①下种：当做好播种床后，将种子均匀地撒于播种床表面。为了使种子能撒得均匀，通常用以3～4倍体积比的细沙拌种，然后再撒播。

②覆盖：撒下种子后进行覆土，覆土以盖没种子为度，要求用细土进行覆盖。由于撒播的种子细小，覆土很浅，厚度几乎为零，故浅表土及易干燥而对种子发芽有重大影响，所以，覆土后床面还要盖保湿覆盖物。保湿覆盖物可以是稻草、麦草、麻片、无纺布等。

③洒水：撒播的种子覆土很薄，及勿使种子干燥而造成种子不能发芽或发芽率降低，因此，要比点播勤洒水。水可直接洒于保湿物上。

3）条播：将种子以一定的间隔条状撒于播种床上的播种方法称为条播。中小粒型种子以条播为宜，其作业方法是在播种床上按一定的行距开播种沟（宽沟，沟底要平展，勿使其呈锅底状），沟深以覆盖后与畦面平为宜，沟宽10～15厘米。开好播种沟后在沟内均匀撒播种子。播上种子后用细土覆盖，覆土比撒播略厚，但不超过1厘米。条播的特点是：兼有点播和撒播的优点，成苗后有行间距，有利通风和养护管理。出苗后应及时间苗、定苗。

（3）播后管理。种子播下去后的日常养护管理措施即为播后管理。播后管理与发芽率、发芽时间、幼苗是否健壮有密切的关系。

1）浇水：覆土或镇土后，用细孔喷壶充分喷水，至土壤湿透为止。至出苗前，要经常观察，当土壤干燥（繁殖床土表层发白）时要立即浇水。浇水时要避免水流过急将种子冲出土面。当真叶出现后，要逐渐减少浇水次数，促使根系向下伸展，苗茎逐渐成熟，使水分管理从幼苗期顺利过渡到小苗期。

2）揭保湿覆盖物：用撒播法播种的，当有半数以上种子露白发芽时，要及时分批揭掉保湿覆盖物，使幼苗能顺利出土，并使幼苗苗茎直立而粗壮。

3）遮阳：当开始出苗后，必要时要进行遮阳。通常，阴性植物不论在什么季节，均要遮阳，初春或晚秋用透光率较高的遮光网，暮春或初秋及夏季则要用透光率较低的遮光网；阳性植物在初春或晚秋不用遮阳，而在暮春或初秋及夏季则要用透光率较高的遮光网遮阳。

4）防病：幼苗期如发病很可能是致命的，所以，预防发生病害很重要，当幼苗

出土后，通常每半月喷施一次杀菌剂进行预防。

2. 穴盘播种繁殖

穴盘播种技术是园林植物工厂化生产的重要生产环节，国内在花卉生产上已率先广泛应用，是对传统花卉播种繁殖技术的一次变革。现以花卉穴盘播种育苗为例介绍穴盘播种技术，主要内容包括种子选购、基质和穴盘选购；制贴标签；填料、打孔；播种；覆料和淋水等。从混料、填料、打孔、播种、覆料到淋水，整个播种的过程既可以是播种流水线操作，也可以手工完成。

(1) 种子选购。商用花卉种子一般分为两大类：一是专业园艺生产用的，二是家庭园艺用的。后者多以彩袋小包装形式销售，此类种子的发芽率、整齐度等商品性能不太稳定。作为专业的种苗生产，则必须选购专业花卉种子公司生产的种子。

(2) 基质和穴盘的选择

1) 基质选择：泥炭是穴盘育苗用基质的最主要成分，蛭石和膨胀珍珠岩是穴盘育苗用基质的常用添加物。穴盘播种育苗的基质的主要成分以上述三者为主。

①选择商品基质：直接选用专业基质生产商生产的基质，虽然成本高，但由于商品基质的品质稳定，使用安全可靠。其特点是：

已进行过全面消毒处理，使用时不用再消毒。

添加了湿润剂，能使基质充分、快速湿润。

添加了营养启动剂——一种水溶性的营养剂，能保证在最初使用的7～14天内供给种子和种苗早期生长所需的协调营养。

②自行配制混合基质：自行配制混合基质有两个原因：一是自行配制成本低，二是市场供应的成品基质产品奇缺。建议在泥炭、蛭石和膨胀珍珠岩三者中选择。推荐混合配方有：

泥炭∶蛭石=3∶1。

泥炭∶蛭石=1∶1。

泥炭∶膨胀珍珠岩=3∶1。

泥炭∶蛭石∶膨胀珍珠岩=2∶1∶1。

基质配成后，要对pH值等指标进行测试，调整后再使用。

2) 穴盘选择：穴盘（图2—1）为塑料制品，尺寸大小为540毫米×280毫米，穴盘的颜色会影响植物根部的温度。白色的穴盘反光性较好，多用于夏季和秋季提早育苗，以利反射光线，减少小苗根部热量积聚。而冬季和春季选择黑色穴盘，因其吸光性好，对小苗根系发育有利。

①穴孔大小的选择：一般情况下，穴盘的长宽规格是统一的，每个穴盘的穴孔越多，相对来说，其每个穴孔的容积就越小，常见规格有：72目、128目、288目、512目等。在选择穴盘规格时，应考虑：所播种子的大小、形状和类型，花卉自身特点，

图2—1 穴盘

对种苗大小的要求，生产规模以及养护管理水平。生产中一般选用128目和288目规格的穴盘居多。

②穴孔形状的选择：穴孔一般有圆形、方形、六棱形、八棱形、星形等形状。目前市场上用的都是坡形穴盘。从形状上看，坡形更像是一座倒立的金字塔。这种形状的穴孔更有利于幼苗的根系向深处发展。方孔盘比圆孔盘每个穴孔的基质量多30%。多出的这些基质足以说明穴盘内部根系接触到的面积要更大一些，因此，种苗的根系会得到更充分的发育。由于穴盘上部穴与穴之间间隔的面积明显减少，因此方孔穴盘内水分的分布更加均匀。六棱形、八棱形以及星形穴盘的基质容量更大，根系接触到的面积也更大，但是单苗的基质成本更高。目前，用得最多的是方孔穴盘。

③穴盘的重复使用：如果穴盘要重复使用，则必须要对已使用过的穴盘进行挑选，剔除那些老化、破损的穴盘。然后把想要再次使用的穴盘彻底清洗干净并进行消毒，尤其是可能有矮壮素残留的穴盘。在给穴盘消毒时，建议不使用漂白剂，原因是部分塑料穴盘可以吸收漂白剂中的氯，并与聚苯乙烯反应，形成有毒的化合物，会严重影响再次使用时种子的发芽和生长。比较简易的方法是用触杀性杀菌剂如托布津、多菌灵等药液浸泡消毒。切记，消过毒的穴盘在使用之前必须彻底洗净晾干。如果泡沫穴盘的密度很高，高温下不致融化的话，可以考虑用蒸汽消毒法进行消毒。

(3) 制贴标签。制贴标签是穴盘种苗生产中必不可少的环节。因为播种后很难用肉眼来准确有效地判断是什么系列什么颜色或品种的种苗。通常使用的标签有不干胶标签和穴盘插牌标签两种。不干胶标签可直接粘贴在穴盘边框上，不易脱落，方便移位、包装和长距离运输。生产单一品种苗量大时使用比较方便。插牌标签显眼，但在搬运、包装和运输过程中容易掉落，造成品种不明或错误，最好能与不干胶标签配套使用。要注意的是不管用哪种标签，都必须用防水耐晒材料制作。

在制定了播种方案，确定好播种品种、数量和穴盘用量后即可打印标签。标签上必须标明详细的种苗种类、品种（系列和颜色）以及播种时间等。不干胶标签的粘贴最好在所有材料准备完毕，装填基质前进行，即在穴盘上粘贴完标签、装好基质后，再用标签上所示的种类品种分批进行播种。插牌标签则最好在装好基质、播完种子后，马上用相应的插牌标签分盘放好，一旦移入发芽室或移入温室生产区时即马上插好。为了安全可靠，每一穴盘都要有一个插牌标签。

(4) 填料打孔。填料打孔指的是将配制好的基质用人工或机械的方法，将其填充到选择好的穴盘中并按压穴孔，让基质略微下凹的过程。

1）填料

①填料前首先要将基质充分疏松、搅拌，同时将基质初步湿润，尤其是压缩包装的进口泥炭。这不仅便于装盘、浇水，同时可避免太干的基质填料、浇水后填料不足的现象发生。

②基质填充量要充足。用手指在刚填好料的穴盘料面上轻轻按压时，不能出现手指一按料面就下陷很深的现象，否则，说明基质填充不足。基质层面应处于一个合理水平。

③填料要均匀，否则会出现同样的浇水量穴盘内的基质干湿不一致，造成种子发芽时间不一以及种苗生长不整齐的后果。

④对穴孔中的基质略施镇压，但不要过度压实。这种压实但不压结的过程被称作“枕头效应”，种子下落到枕头一样的软面上不会出现弹出现象，同时会增加基质的通气量。

⑤需要覆料的品种，基质不能填得过满，以便留出足够的空间覆料。

⑥已经填料的穴盘不能垂直码垛在一起，以免下层的穴盘基质压结。

2）打孔：打孔的目的是让基质在穴孔内略微凹下，播种时可让种子平稳地停在穴孔中间，并有足够空间覆料以及浇水后种子不会被冲到邻近穴孔或流失。凹下的程度视种子的形状和大小而定，长形种子其凹下部分越平越好。打孔可以采用机械打孔，也可以采用人工打孔。在没有专用的打孔设备时，可以采用相同规格的穴盘作为打孔器。

(5) 播种。这里所指的播种仅仅指把种子投放至穴盘的孔穴内的过程。根据操作方式的不同可分为人工播种、手持管式播种机播种、板式播种机播种和全自动播种机播种四种类型。

1）人工播种：选择一个高度适宜的工作台（如果要长时间坐着操作，适宜的高度为45厘米左右），将装满基质的穴盘置于工作台上，手工将种子一粒一粒投放到穴盘孔穴中。

2）手持管式播种机播种：将播种机置于工作台上，放好装满基质的穴盘，将种

子放入种子槽，打开真空泵开关，由操作者控制播种管的工作。

操作时，用大拇指按住控制孔，其余手指握住播种管。当控制孔被封住后，播种管针头因真空泵产生的真空作用而产生吸力，将播种针头伸入种子槽内，针头接触种子时种子即被吸附在针头上，这时可调节气流阀，直至每个针头只吸附一粒种子为止(吸种子时，播种管轻轻地晃动或振动有助于种子的吸附)。当针头吸好种子后，将播种管移到穴盘的上方，对准穴孔，松开拇指，真空作用消失，种子即掉入穴孔之中。重复吸和放种子这一过程就可以完成整个播种过程。

3）板式播种机播种：先准备好种子和装满基质的穴盘，播种时操作人员将种子手工撒播到带有吸附种子的小孔的播种板上，通过振动和适宜的摇晃，在真空吸附下，每个小孔会吸住种子。将多余的种子倒回盛放种子的容器或槽中。当所有的小孔都吸附上种子之后，将播种板放置到穴盘上方，人工切断真空气源后，种子直接下落到穴盘的孔穴中，一次操作即可完成一张穴盘的播种。

4）全自动播种机播种：不论是针式还是滚筒式的全自动播种机，都是流水作业，可按照播种机的说明书进行操作。

(6）覆料。多数花卉的种子在播种后，都需要覆料，对已播种子覆料可以保持种子周围的空气湿度，有利于种子发芽。但是要注意水分不可过多，要给种子萌芽留出呼吸的余地，以便种子萌芽时有足够的氧气供应。覆料还有利于幼根顺利地向下扎入基质中，起到固定植株的作用。有些品种不需要覆料，而粒径较大的种子大多需要覆料。可用于覆盖的材料有粗蛭石和膨胀珍珠岩，播种基质也可以作为播种后的覆盖材料，但往往会因其过于细小、通气性不够而不被采用。覆料的厚度应与种子粒径相当。

覆料要注意的问题：覆料不能太少，太少便失去了盖种的意义；覆料也不能太多、太厚，否则种子会被深埋在下面，如果再遇上水分过多、通风不良等情况，时间一长种子便会腐烂，即使苗能侥幸钻出来，也很有可能是畸形苗，或由于前期耗费了太多的营养而影响后期的生长。

(7）淋水。在生产线上完成播种、覆料之后，便可进行穴盘种苗生产过程中的第一次浇水——淋水。

如果采用播种流水线作业，则淋水是由机器自动完成的，水滴的大小、水流的速度可以控制，淋水非常均匀，有利于种子萌芽和种苗的生长。如果采用人工浇水，则要注意选择喷头流量的大小，太大会冲刷基质，甚至冲走种子；太小则浇水过慢，效率太低。也有采用浸泡的方法来达到淋水的目的。如果采用密闭式发芽室发芽，在放进发芽室之前就需要透浇第一次水。透浇不等于过量，而是适量，尤其是一些要求在较干的环境下发芽的种子。

实训十一　树木大粒种子点播训练

一、实训目的

树木大粒种子点播训练的目的是通过本次训练，使学生掌握点播繁殖的方法和操作要领。

二、准备工作

做苗床的工具为锄头和铁耙。备好播种用的种子，选用当地常见树木的大粒种子。准备好保湿覆盖物，如稻草。准备好洒水壶。

三、播种方法

要求学生以徒手方式进行播种。

四、实训要求

在安排学生进行点播训练时，首先要求学生掌握点播繁殖要领，然后让学生在教师的指导下制订点播训练计划，并按计划进行点播练习。播种完成后，组织学生进行播后养护管理，待出苗后教师组织学生进行训练的评估。

实训十二　树木细粒种子或花卉种子撒播训练

一、实训目的

树木小粒种子或花卉种子撒播训练的目的是使学生掌握撒播繁殖的方法和操作要领。

二、准备工作

做苗床的工具为锄头和铁耙。备好播种用的种子，选用当地常见树木的细粒种子。准备好保湿覆盖物，如稻草。准备好洒水壶。

三、播种方法

要求学生以徒手方式进行播种，种子一定要播撒均匀。

四、实训要求

在安排学生进行撒播训练时，首先要求学生掌握撒播繁殖要领，教师选定当地某种常见园林植物的细粒种子为训练材料。由于草本植物种子发芽周期较短，建议以花卉种子为宜，然后让学生在教师的指导下制订撒播训练计划，并按计划进行撒播练习。播种完成后，组织学生进行播后养护管理，待出苗后教师组织学生进行训练评估。

实训十三　穴盘播种训练

一、实训目的

穴盘播种训练的目的是通过本次训练，使学生掌握穴盘播种的方法和操作要领。

二、准备工作

备好种子、基质、穴盘、喷水壶、播种机。

三、播种方法

要求学生以手工方式进行播种。

四、实训要求

在安排学生进行穴盘播种训练时，首先让学生了解和掌握穴盘播种繁殖的主要操作环节，教师选定当地某种常用花卉的种子作为练习对象，以人工播种或手持管式播种机播种的方法作为训练内容，让学生在教师的指导下制订穴盘播种训练计划，并按计划进行练习，掌握穴盘播种的技术和抚育管理方法。播种完成后，组织学生进行播后养护管理，待出苗后教师组织学生进行训练评估。

二、营养繁殖

利用营养器官（如根、茎、叶）繁殖苗木的方法，称为营养繁殖。用这种方法繁殖的苗木，称为营养繁殖苗，用以区分种子繁殖的实生苗。常用营养繁殖方法有：扦插繁殖、嫁接繁殖、压条繁殖、分株繁殖。营养繁殖最大的优点是能保持原来母株的遗传特性，达到保存和繁衍优良品种的目的，能繁殖无法用播种繁殖的园林植物，如有的植物不结实。因为园林植物主要强调优良品种特有的观赏特点，所以营养繁殖成为园林植物（特别是具有较高观赏价值的园林植物）生产的重要繁殖手段。

1. 扦插繁殖

扦插繁殖是以植物营养器官（根、茎、叶）的一部分在一定的条件下插入土壤或其他基质中，利用植物的再生能力，使这部分营养器官在脱离母体的情况下长出其所缺少的部分，成为一个完整的新植株的营养繁殖方法。用于扦插的那部分植物营养体称为插穗。采用扦插繁殖育成的苗称为扦插苗。

根据插穗不同，有枝插（插穗为枝条）、根插（插穗为根）和叶插（插穗为叶）三种，最普遍的是枝插。

以枝插为例，根据插穗的木质化程度，可以分为成熟枝扦插（硬枝扦插）和半成熟枝扦插（或嫩枝扦插、绿枝扦插）两类。成熟枝扦插是以充分木质化的枝条作为插穗的扦插繁殖方法，一般在休眠期进行，即在入冬前或春季萌芽前扦插。半成熟枝扦插则是以未完全木质化的枝条作为插穗的扦插繁殖方法，在生长期进行。由于各地气候差异，具体的时间有先后，长江中下游流域地区当气候进入梅雨期时，树木的枝条正好发育至半成熟状态，所以半成熟枝扦插在此时段进行。

扦插繁殖在管理上要比播种繁殖精细得多，离体插穗必须给以最适宜的温度、湿度、光照强度、扦插基质通气性等环境条件才能生根发芽成苗。而且，扦插苗与实生苗相比，有根系不够发达、抗性减弱、寿命缩短等差异，对此必须要有充分的认识。

（1）成熟枝扦插。成熟枝扦插一般用于落叶树种的扦插繁殖，扦插用的插穗处于休眠状态，容易维持插穗内的水分平衡，养护管理比较方便。但有些树种由于休眠枝内含有较高浓度的抑制生长物质，不利于不定根的形成，所以，在生产中常采用对难生根的树种的插穗基部浸蘸、补充外源生长素的方法来促进插穗生根。部分常绿树种也可采用成熟枝扦插繁殖，其插穗与半成熟枝扦插的插穗相同，只是枝条的成熟度不同。成熟枝扦插重点要解决插穗基部的温度、水分、空气条件，促使插穗生根。由于春季地温刚刚开始回升，土壤温度较低，达不到生根条件，故把提高土温作为技术关键。

成熟枝扦插的操作过程和养护管理要点如下：

1）做扦插床：选择砂质壤土做扦插床为宜，因为这种土壤疏松、持水、有机质含量丰富、透气性良好，有利插穗基部愈合生根，可提高成活率。做扦插床时，首先在冬季土壤上冻前进行翻耕，深达 30～35 厘米，然后在扦插前 10 天左右做扦插床。扦插床规格为床高 20 厘米，宽 1.2 米，长度视情况而定。扦插床做好后，上盖塑料薄膜待用。

2）工具：开锋过的剪枝剪、手锯、枝接刀。

3）采条：采条要选择生长健壮、抗病虫害能力强的母树。当采条母树进入休眠后，剪取一年生成熟枝用于制穗。

4）制穗：枝条采集后，剪去枝梢瘦弱部分及基部过粗的部分，然后用枝接刀将枝条中段削成 10 厘米左右长的插穗，一般以 3 个节为原则。插穗下端留节下约 1 厘米，以利愈合生根。插穗上端距离芽上方 0.5～1 厘米，以防上端的芽失水枯萎。插穗两端均宜平削，截面要平滑，不伤树皮。插穗下端斜削虽然便于扦插，但根系往往集中在斜面的尖端，分布不均，影响苗木生长（图 2—2）。

5）贮藏：插穗剪好后，按粗细每 50 根捆成 1 捆。选择排水良好、背风向阳的高燥地，挖沟深约30厘米，将插穗捆竖放于沟内，生物学上端朝上，用疏松湿沙土埋藏。贮藏期间保持土壤湿润即可。

6）扦插

①扦插时期：扦插必须在枝条处于休眠状态、芽尚未萌动时进行，以春季二三月份为宜，各地的物候期不同，时间可有迟早，但最迟不宜超过3月下旬。

②扦插方法：扦插行距20厘米，株距10厘米，扦插深度为插穗长度的1/2～2/3。插穗插入时以稍斜插为宜，插穗顶端的芽的朝向要一致，插后揿实土壤。如果土质较黏或插穗在贮藏过程中基部已形成愈伤组织或不定根，要开沟埋插。埋好插穗后，覆土一定要揿实，埋插的深度以插穗上端之芽露出地面即可。

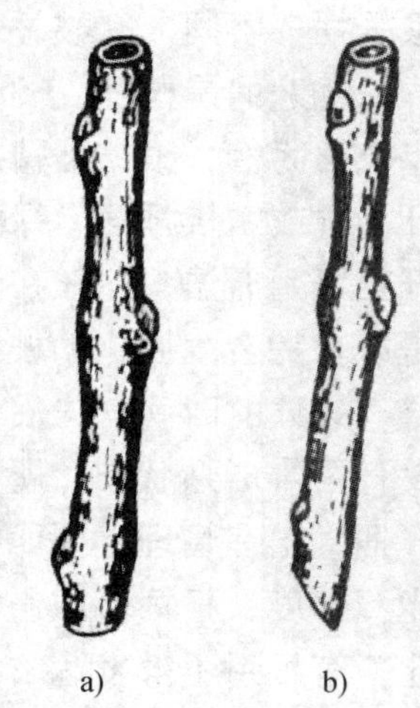

图2—2　硬枝插穗示意图
a）切口正确　b）切口不正确

7）插后管理

①水分管理：扦插后浇1次透水，使插穗与土壤紧密结合，以利插穗基部吸水，以后保持土壤湿润即可。有的树种可能有“假活”的特点，即先发芽后生根的特点，假活阶段由于插穗新根尚未形成，而失水面积增大，会由于水分供不应求而导致插穗死亡。当插穗尚处于假活阶段时，如空气干燥，气温较高，可用喷雾或遮阳方法加以防止插穗失水过度，也可用摘叶的方法处理。

②除草：苗床上土面裸露，易长杂草，在生长期应勤除杂草。除草时，如果用手拔，要防止插穗基部土壤松动；如果用农具除草，要防止损伤插穗基部树皮。

③施肥：插穗生根后可开始施淡肥，在速生期更应重视施肥。通常，在五六月份和8月下旬至10月间有两个生长高峰。因此，在上述两个阶段要及时进行施肥，促进小苗生长。肥料以氮肥为主，有机肥或化肥均可，但一定要施薄肥。

④抹芽：插穗生根后，有的树种会有较多的萌芽产生，应保留一个靠近插穗顶部的壮芽，将其他的萌芽全部抹去。在一个生长期中，需要抹芽2～3次。抹芽时要注意不要损伤被选留的壮枝。

⑤中耕松土：中耕松土有利于插穗基部及根系呼吸和小苗生长。在浇水、施肥或雨后土壤硬结时，均要及时松土。松土与除草时一样，要防止插穗基部土壤松动及损及树皮。当年苗高可达1～2米，第二年开春就可以移栽。

（2）半成熟枝扦插。半成熟枝扦插主要用于繁殖常绿树种，扦插用的插穗的木质部尚未充分木质化，代谢旺盛，维持插穗内的水分平衡，养护管理难度较大。半成熟枝的特点是光合作用、蒸腾作用及各种代谢活跃、内源生长素含量相对较高，容易生根。不利因素是处于高温季节，插穗带有一定量的叶片，蒸腾强度大，极易造成失

水，对扦插环境的湿度要求较高。扦插的技术关键是，解决如何控制插穗叶片的蒸腾失水，维持插穗内部水分代谢平衡与保持一定的光照强度的矛盾，从而确保插穗生根存活的问题。生产技术管理、设施配置都是围绕着这一对主要矛盾进行的。又由于扦插时温度和湿度适宜真菌、细菌繁衍，插穗极易染病，所以防治病害发生也非常重要。

半成熟枝扦插的操作过程和养护管理要点如下：

1）做扦插床：半成熟枝扦插的扦插床以建筑材料砌成的苗床为宜，扦插床既可置于地面，也可架高 1.5 米左右。基质可用泥炭、蛭石、膨胀珍珠岩、河沙、剖面风化层黄土等。以风化层黄土掺河沙最为经济，比例为 7∶3。在插床外需要建一比整个插床略大、棚顶高 1.8～2 米的荫棚，用以遮阳。该荫棚除棚顶盖遮阳网外，四周也需要安装遮阳网。如有可能，则安装喷雾装置更好（图 2—3）。

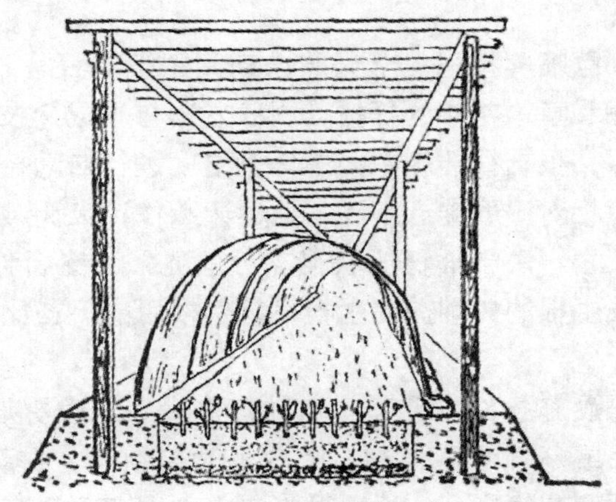

图 2—3　半成熟枝扦插床示意图

2）工具：开锋过的剪枝剪、枝接刀。

3）采条：采条要选择生长健壮、抗病虫害能力强的母树。剪取当年生半成熟枝用于制穗。

4）制穗：制作插穗与成熟枝扦插相同，不同的是插穗顶端须留叶 1～2 枚，其他的叶用剪枝剪剪掉（用手掰掉会伤及枝条）。对于像山茶花、杜鹃等枝条较短的树种，插穗可带踵①，利用插穗基部所带二年生枝含有较多养分，有利插穗生根。

① 带踵：踵意为脚后跟。带踵是形容插穗的形状。即在半成熟枝扦插制穗时，在插穗基部带少部分的老枝。如制山茶花插穗时在半成熟枝的基部带 0.5 厘米左右的二年生枝一并剪下即成；在制桂花插穗时在成对的半成熟枝基部带 0.5 厘米左右的二年生枝一并剪下，再将两根半成熟枝掰开，各自基部带一小段二年生枝即成。

5）扦插：插穗离体后要求随剪随插，尽可能减少插穗在空气中的暴露时间，以防过分失水。扦插密度视插穗冠幅而定，要求不过分拥挤，叶片与叶片相碰但不重叠即可，扦插深度为插穗长的1/3～1/2。扦插前要首先在荫棚上盖好遮阳网，不使插穗受阳光直晒。由于半成熟枝扦插的插穗比较柔嫩，直接往基质里插会损伤插穗影响成活，扦插时要先用近1厘米粗的竹签或木棒在基质上扎一比扦插深度略深的洞后再将插穗往洞内插。

6）插后管理：扦插后灌1次透水，使基质与插穗密切结合，以利插穗吸水。以后每天从上午8时至下午5时进行喷水，保持插穗叶面湿润，荫棚内有较高的湿度。当插穗基部形成愈伤组织后，可将每天喷水时间从早晚逐渐缩短。当插穗生根后，应进一步减少喷水，遮阳网覆盖时间也可从早晚逐渐缩短，使扦插苗逐渐延长早晚的光照时间，以利生长。入秋后，可揭掉遮阳网。冬季加盖塑料拱棚保温越冬，留床至翌年春季萌芽前分栽培大。

（3）全光照自动间歇喷雾扦插。全光照自动间歇喷雾扦插是扦插繁殖的新技术，主要用于半成熟枝扦插和草本花卉的扦插。制穗方法与半成熟枝扦插相同。技术工艺是通过在全光照条件下，根据扦插床中插穗环境湿度进行自动控制的设施，自动间歇喷雾，由于局部小环境相对湿度接近饱和，插穗蒸腾作用大为减弱，插穗在不遮阳状况下也不会因失水而死亡。由于插穗能获得充分的光照，光合作用等生理活动旺盛，插穗生根快，也能使难生根的树种提高生根率，生根后的小苗比普通扦插法繁殖的要健壮。

这项扦插技术所需设施条件主要有：自动控制设备、喷雾设施、扦插床及基质。自控设备又可分为叶面或环境湿度控制、间歇延时控制等，由湿度感应器、继电器、电磁阀三部分组成，都有市售产品。喷雾设施要求必须有2千克以上压力的供水。喷头要求雾化较好的普通喷雾器喷头或微喷喷头。扦插床用简易建筑材料圈起，能容纳基质即可，底部应能漏水，其规格尺寸视喷头喷射半径而定。扦插基质应选用非土壤材料，如蛭石、膨胀珍珠岩、草炭、河沙、煤渣等，或采用以上材料配比混合物，总的要求是通气、透水性能良好，并有较高的持水性。其技术工艺优点是：自控技术代替人为经验管理，更简便、更可靠。生根条件得到充分保证，尤其是基质温度高于气温，提高了生根率。在全光照条件下，通风性好，插穗不易被病菌感染（图2—4）。

全光照喷雾扦插技术管理要求如下：

1）扦插时机：从5月下旬至7月中旬为最适期，再晚些由于自然气温、地温下降，不利生根；即使生根，由于很快进入休眠期，年生长量极小，很难形成供第二年春萌发的饱满芽。

2）扦插密度：以插穗冠径为准，不互相遮掩为度。

3）扦插深度：因基质透气性好，基质温度上下位差不大、供水充分、生根条件

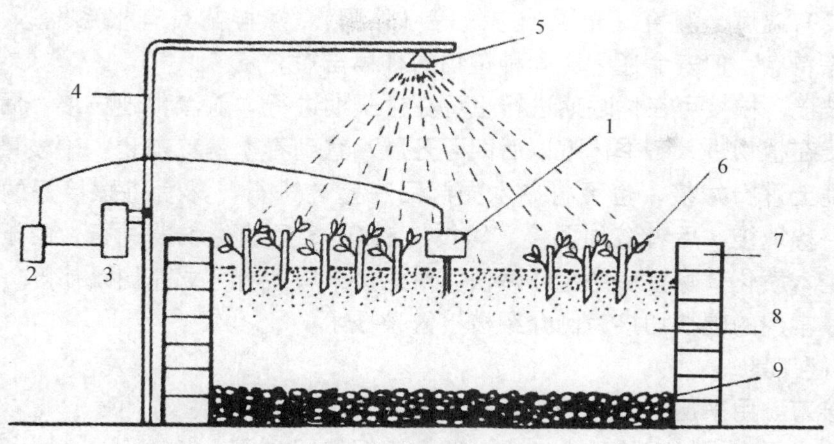

图 2—4 全光照喷雾扦插示意图

1—湿度感应器（电子叶） 2—继电器 3——电磁阀 4—水管 5—喷头
6—插穗 7—砖墙 8—基质层 9—砾石排水层

优越，可以比普通扦插适当深插。

4）生根小苗出床：因基质为无土材料，生根小苗处于营养饥饿状态。无论新根还是枝叶都较瘦嫩，给移植出床造成很大困难。所以，应掌握生根状况适时出床，移植下地。根据各种园林植物幼根性质差异，总的要求是器官形成、具备吸收功能即可移植，不要发育过大，主要是生根苗养分积累不多，根系过大更易受机械损伤。对那些生根率、移植成活率较低的木本植物应尽可能应用容器扦插。容器基质选择廉价材料，如草炭、锯末、炉灰、沙子等，可随生根小苗一起移植下地。移植出床前，要对已生根的小苗先进行练苗，即控制供水，使插穗的根在较干燥的条件下成熟化，减轻移植时根的受损程度，有利于移植成活；使叶片在较干燥的空气环境中得到锻炼，加厚表面的角质层，适应自然环境的空气湿度。

2. 嫁接繁殖

嫁接繁殖是人们有目的地利用两个不同种或品种的植物能够结合在一起的能力，将一种植物的枝条或芽，接到另一种植物的茎或根上，使之愈合生长在一起形成一个独立的新个体的营养繁殖方法。供嫁接用的枝或芽称为接穗，而承受接穗的植株称为砧木。根据接穗的不同有枝接和芽接两类。以枝条做接穗的嫁接称为枝接，以芽为接穗的称为芽接。用嫁接方法繁殖的苗木称为嫁接苗，由于嫁接苗是借助了另一种植物的根，因此也称为它根苗。

枝接有切接、劈接、腹接和靠接等方法，芽接有 T 字形芽接、嵌芽接和套芽接等方法。

嫁接是否能成活的关键是接穗与砧木之间是否有亲和力（内因）。嫁接成活的环境条件主要有温度、湿度、光照、空气等（外因）。嫁接苗具有根系发达、生长快、提早开花等特点，但寿命通常比同种植物的扦插苗短。

(1) 枝接。枝接可在休眠期进行也可在生长期进行。前者称硬枝接，后者称嫩枝接。硬枝接在植物进入冬季休眠以后即可开展，直到春季萌芽前止。硬枝接的砧木既可留于圃地上进行嫁接，也可将砧木掘起后在室内进行，然后将嫁接好的苗种于圃地，前者俗称地接，后者俗称掘接。嫩枝接在6—8月的生长期进行，由于接穗和砧木均未完全木质化，嫁接后愈合成活快。对嫁接未成活者可立即加以补接。

现以最常用的硬枝切接为例介绍枝接繁殖技术。

1）嫁接工具

①切接刀：用来切砧木的切口，削接穗。

②手锯：用来锯较粗的砧木，比一般木工锯使用方便。

③剪枝剪：用来剪接穗和较细的砧木。

④绑缚材料：现多用塑料薄膜，将塑料薄膜裁成宽1～1.2厘米、长30厘米的长条。其保温、保湿性能好，有一定弹性，绑扎后松紧适度。

2）砧木的选择。选用砧木的几个基本条件如下：

①必须选用与接穗亲缘关系近、亲和力强的树种。

②对当地气候条件、土壤条件适应且生长势旺盛的树种。

③对恶劣环境及病虫害抗性强。

④种源丰富，繁殖系数高，繁殖工艺简单，成本低。

⑤为保证接穗的品种优良特性，一般选择二年生的小苗作砧木，对接穗影响小。

3）接穗的采集及贮藏

①选用接穗的条件：采穗母株应品种纯正，具较突出的优良遗传特性；采穗母株应生长健壮、无病虫害；选用树冠外围朝南侧枝条发育充实、芽眼饱满的1年生营养枝。

②接穗的采集及贮存：原则上是随采随接。如果从外地采穗，或数量大可集中采回贮藏备用。要求做到：秋季采条，分级打捆，标明树种（品种）；妥善假植在假植沟或窖内，分层覆土，既要保证环境湿度，又要防止发生霉变；严格控温，特别是早春气温上升时，要保证假植沟内冷凉，有条件的在保湿条件下，放在0～5℃保鲜柜中保存，防止接穗提前萌芽。

4）切接方法

①切接时期：枝接一般在休眠期进行，大体分为春、冬两个季节，但以春季最为适宜。春接后温度逐渐升高，有利于愈合，成活率高，接后即可发芽生长。也有生长期嫩枝嫁接的（图2—5）。

②切接适用于根茎较细、1～2厘米粗的砧木。具体操作方法如下：

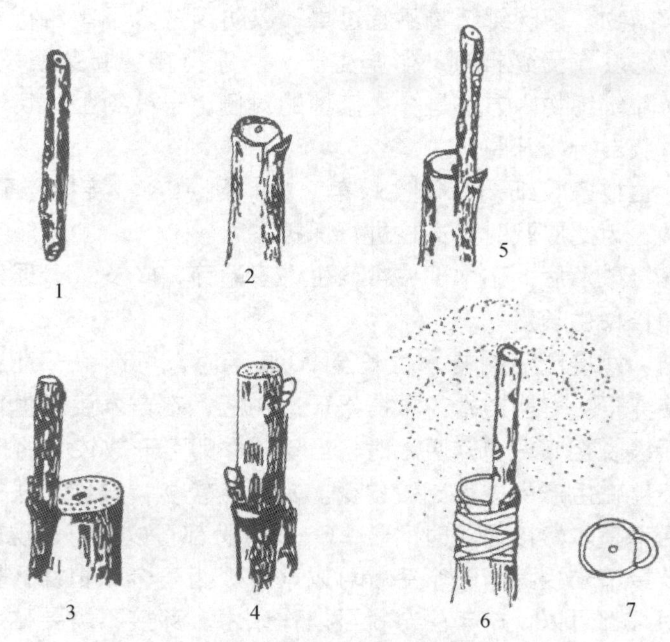

图 2—5　切接示意图

1—接穗　2—砧木　3—较粗砧木　4—较细砧木
5—接合　6—绑缚和培土　7—形成层对齐

第一步：削接穗。先在接穗下芽的背面 1 厘米处斜削一刀，削掉 1/3 的木质部，斜面长 2 厘米左右，然后在斜面的背面斜削一个小削面，稍削去一些木质部，小削面长 0.8～1 厘米。

第二步：切砧木。在砧木离地面 3～5 厘米处（可根据需要自定高度）剪除砧干，选砧皮较厚、光滑、纹理顺的部位把砧木切面略削少许，再在该处皮层内略带木质部垂直切下 2 厘米左右。

第三步：插接穗。将接穗长斜面朝内插入砧木的切口中，使接穗的斜面两边的形成层和砧木切口两边的形成层对准、靠紧，如果接穗比砧木细得多，则必须保证一边的形成层对准。

第四步：绑扎。嫁接部位绑扎的作用是固定和保湿。绑扎用塑料薄膜扎缚带缠绑，要求缠严，防止接口失水或进入雨水、异物造成病菌感染。绑紧是为防止接穗离位，造成愈合困难。绑缚时注意始终不能触动接穗使已对齐的形成层错位。根茎低位切接时必要的话可壅土保护接穗。

5）接后管理

①撤除覆土：接后 30 天左右即能成活。如有壅土，应将壅土扒除，使接穗能正常生长。

②解除接口绑缚物：解除绑缚物不宜过早，以防因愈合不牢自行开裂而死亡。也不能太晚，以免接穗发育受到抑制，影响生长。一般待接穗新芽萌发抽枝长至 2～3 厘米时即可安全解除绑缚物。方法是：在接穗的对侧，于扎缚上纵切一刀，切断塑料薄膜带，让塑料薄膜自行松开脱落。

③立支柱：新生枝条较细弱、干性较差。接口刚愈合、接穗与砧木结合尚不牢固，非常容易劈裂，为此应及时立支柱进行保护。

④除砧蘖：嫁接成活后，砧木部位常萌生许多蘖芽，应及时清理剪除，以免与接穗争夺营养，影响接穗生长量。

⑤修剪嫁接苗：嫁接成活的苗木生长至 20 厘米时，可选留一直立健壮枝条，其他全部剪除，促使养干。有些苗木为了提早形成树冠，在苗木生长健壮时，可于当年定干，当嫁接苗新枝长至 80～100 厘米时，当年秋季即可形成较好的树冠。

（2）芽接。芽接在生产中应用比较广泛。其优点较多：操作方法简便，工作效率高，成活快、成活率高。嫁接作业时间长，6—9 月份都可以进行，现已将嫁接时间延展到休眠期。比枝接节省接穗，一个芽就可以繁殖成为一个新植株，繁殖系数高。对砧木要求不高，粗细都可以，一年生苗就可以作砧木。芽接不需要砧木提前截干，如嫁接未能成活，砧木不受损坏，以后仍可利用来进行芽接或枝接。

现以 T 字形芽接为例介绍芽接繁殖技术。

1）嫁接工具

①芽接刀：用芽接刀的刀片切砧木的切口，用刀柄上的角质片撬开芽接砧木切口的韧皮部使形成层暴露；削取接穗芽片。

②剪枝剪：用来剪接穗和较细的砧木。

③绑缚材料：与枝接的相同。

2）砧木的选择

①选用砧木的几个基本条件

a. 必须选用和接穗树木品种的亲缘关系近、亲和力强的树种。

b. 对当地气候条件、土壤条件适应且生长势旺盛的树种。

c. 对恶劣环境及病虫害抗性强。

d. 种源丰富、繁殖系数高、繁殖工艺简单、成本低。

e. 为保证接穗的品种优良特性，一般选择一二年生的小苗作砧木，对接穗影响小。

②对砧木的要求和处理：芽接用的砧木，要求距地面 5～6 厘米处平直，干径粗度在 0.5 厘米以上。芽接前 7～10 天把砧木下部距地面 10 厘米处的枝、叶清除干净，以便操作。

3）接穗的采集及储藏

①选用接穗的条件

a. 采穗母株应品种纯正，具较突出的优良遗传特性；

b. 采穗母株应生长健壮、无病虫害；

c. 选用树冠外围朝南侧、一年生营养枝上发育充实、饱满的芽。

②采条时间：采条时间最好在清晨、枝条水分充足时进行。每次采集不可过多。采后立即剪去嫩梢和叶片，保留叶柄；整理好后用湿布或湿麻片包裹保湿，带到嫁接现场备用（图 2—6）。

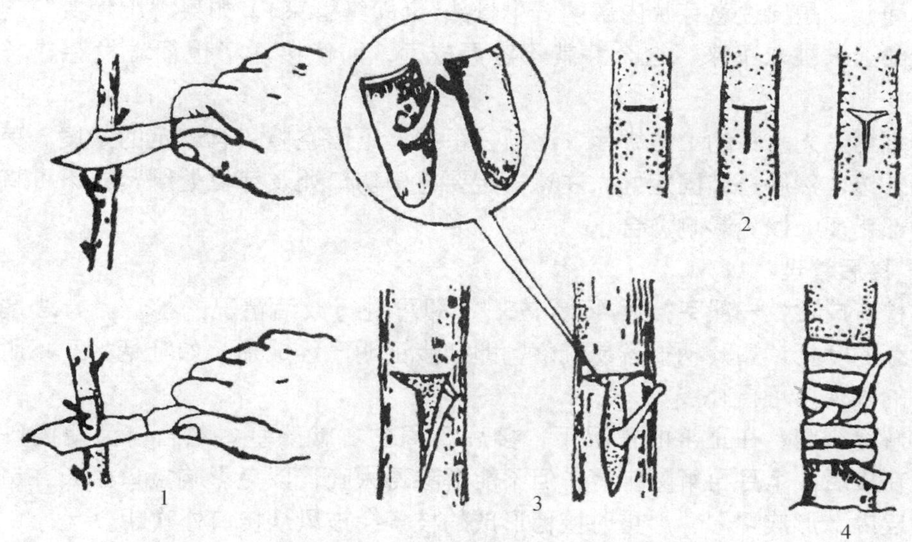

图 2—6　T 字形芽接示意图

1—接穗切削　2—砧木开 T 形口　3—接合　4—包扎

4）T 字形芽接操作

①取接芽：取接芽的常用方法有两种：一是削芽法，二是刻芽法。削芽法，即从芽的下方距芽 1.5～2 厘米处下刀，往上稍带木质部斜削至芽上 1 厘米以上，然后在 0.5～1 厘米处横切一刀，将芽切离枝条但仍留于枝条上备用。刻芽法，即先分别在距芽的上下 1 厘米处各横刻一刀，然后在芽的两侧距芽 0.5 厘米处各纵刻一刀，使其成长盾形芽片，然后两指捏住叶柄轻轻左右摆动，使芽片脱离枝条但仍留于枝条上备用。

芽片的规格大小，根据砧木的粗细确定。芽片大则含水分、养分相对多些，有利于成活。一般要求芽片长度为 2～2.5 厘米。芽应位于芽片全长距上部的 1/4～1/5 处，纵向居中不要偏斜。

②切砧：选砧木的北侧，可不受光线直接照射，减少水分蒸发，有利愈合。嫁接

部位距地面5～6厘米处（也可根据需要定位），用芽接刀横切一刀，长约1厘米，深度以切断韧皮部为准，再从横刀口中间向下直切一刀，长约3厘米，使成T字形。切口不宜太深，切口深入木质部会破坏输导组织，容易流胶，造成愈合困难，影响成活。然后用芽接刀后部角质片挑开砧木韧皮部，用以插入芽片。

③插芽：一手的拇指和食指捏住芽片的叶柄，从枝条上取下并立即插入砧木的T形切口内，注意芽片上端和砧木皮层横切面要紧靠、对齐。插芽时应注意两个问题：一是芽片不能提前从枝条上取下来，应等待砧木切口切好随插随取，减少在空气中的暴露时间；二是要注意芽片内部的"小骨头"（即维管束），如果"小骨头"连在枝条的木质部上未被取下来，这个芽就不容易成活，即使接活了也很难发芽成长，应弃用。

④绑缚：先从芽的上边绑起，逐渐往下缠，不留空隙，有一定的紧度。芽和叶柄要留在外边，然后打结固定好。注意一定要将横切口处及芽位处绑紧，不可将横切口之接合部错离，以免影响愈合。

5）接后管理

①检查成活：一般芽接后15天左右，即可进行成活情况的检查。方法是用手指触动接芽的叶柄，如叶柄很容易脱落，即初步证明已经成活；如叶柄枯干不脱落，是未接活的表现，可再补接。

②解除绑缚：在正常的情况下，接后3周左右就能基本愈合，为使接口愈合牢固，可在接后1个月再解除绑缚，但不能解除得太晚，以免影响接口生长并造成绑带勒入树皮内，形成畸形，严重时接穗形成的枝条会被风从接口处吹断。

③剪砧：接活的芽苗要进行剪砧。夏季接的当年即可剪砧；秋季接的可于第二年春季发芽前剪砧。其要领是在接芽上方2厘米左右处把砧木剪除。剪口要平滑，可稍向接芽对面倾斜，但留桩不要过高。

④立支柱：剪砧前，为防止风吹断接芽萌生的枝条，可以砧木接口上端的枝干为支柱，用绳拢住。剪砧时，可留取一段砧木用绳拢住新梢进行保护，直到新枝干性增强，接口完全愈合牢固，再彻底剪砧。1年以后可以移植。

3. 压条繁殖

压条繁殖是利用生长在母树上的枝条将其埋入土中，或用容器装入湿润的基质，将枝条包裹，并刻伤包裹部位的韧皮部，促使枝条刻伤处生根，然后割离母体，成一独立的新植株的营养繁殖方法。某些用扦插繁殖较难成活的植物，可用此法繁殖。压条一般在春季进行，压后1～2个月便可生根。常用的压条方法有堆土压条、普通压条和空中压条三种。堆土压条多用于丛生灌木，将选定作压条繁殖的枝条近地面处刻伤韧皮部，堆土盖没刻伤部位，使其生根；普通压条多用于枝条柔软且枝条位于近地面的树种，将枝条压入土中，使其前端翘起，在压入土中的部位刻伤韧皮部，使刻伤

部位生根。空中压条用于不能以上述两种方法压条的树种，具体方法详细介绍如下：

（1）工具及物料准备

1）工具：枝接刀、剪枝剪、手锯。

2）物料：用于包扎的黑塑料薄膜或对劈的竹筒；用于保湿的苔藓或培养土。

（2）操作步骤。5—9 月份，选择二年生健壮的直立枝，在距枝条顶端 15～25 厘米平直处，进行环状剥皮，上下宽度为 1～1.5 厘米，深度达到木质部，如果残留韧皮部及形成层，会造成环状剥皮部分压后韧皮部重新上下连接，导致压条失败。然后用长约 15 厘米、宽 8 厘米的黑塑料薄膜或对劈的竹筒，把环剥处裹住，然后填入苔藓或培养土。由于压条后枝条承重增加，无法直立，需进行支撑（图 2—7）。

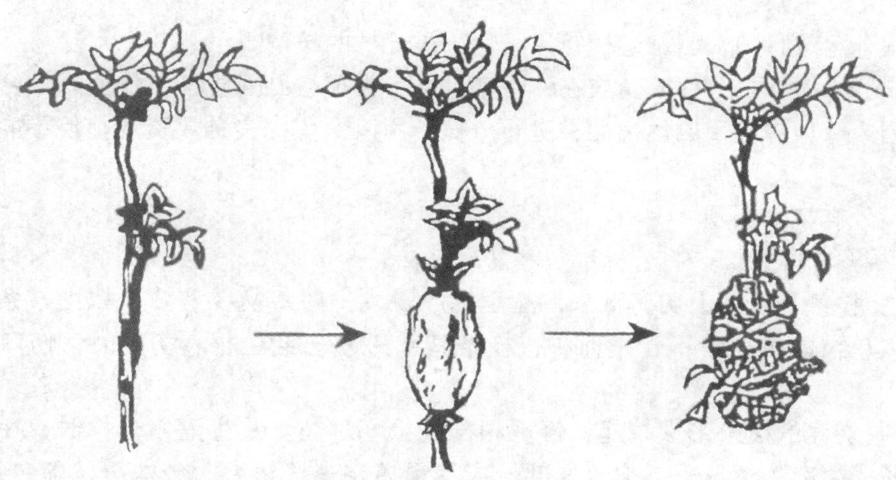

图 2—7　空中压条示意图

（3）压后管理。压后管理的关键是保持压条基质的湿润，一旦基质干燥，刻伤部位不能形成愈伤组织就不能产生新根，压条也就不能成功。因此，一定要经常观察，塑料薄膜或竹筒中的苔藓或培养土将要干燥时必须浇水。1～2 个月开始生根，待新根生长后，于秋季或第二年春季剪离母株，另行栽植。

4. 分株繁殖

根部萌芽性强的树种，采取切下带部分根系的根蘖枝条另植为新植株的营养繁殖方法称为分株繁殖。由于分离出来的新植株枝条较充实又带有一定量的根系，故成活率、生长势都很好，成苗速度快，但繁殖系数不高。分株繁殖在园林苗圃中应用比较普遍，对那些没有种子或不能用种子繁殖，且扦插生根又较困难的树种，可用分株法繁殖（图 2—8）。

（1）工具及物料准备。分株繁殖所需的工具有锄头和刀、锯、起树铲等。锄头用

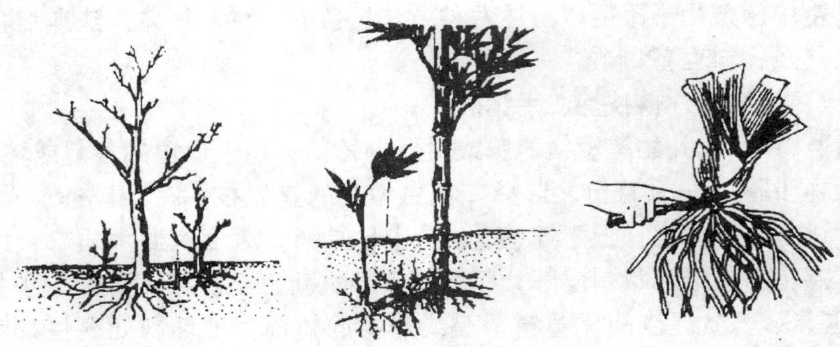

图2—8　分株繁殖示意图

于掘开根际土壤，刀、锯、起树铲用于切下被分株的枝条。

(2) 分株时期。分株繁殖应在休眠期进行，常可与出圃或移植作业相结合。也可对在公园或绿地中应用的优良品种进行分株，用以保留优良种质资源，但不能影响其使用功能。

(3) 分株技术要领

1) 掘开根际土壤，将分株部位暴露出来。

2) 将枝条从母株上切离下来，丛生性的灌木一般每丛要有3个以上枝条，乔木的萌蘖以单枝即可。但不管是何种，枝条基部必须已经生根。切离时，伤口应尽量小。

3) 将切离的枝条带根挖起，修剪根部的损伤部位。丛生灌木分株时，在不影响母株生长、生存的情况下，被分株部分应尽量多带一些根系。分株苗枝条应行短截，留枝长度20厘米左右。

4) 必要时，进行伤口和根部消毒。

5) 定植切离下来的新植株。

实训十四　落叶树成熟枝扦插繁殖训练

一、实训目的

落叶树成熟枝扦插繁殖训练的目的是通过本训练，使学生掌握落叶树成熟枝扦插繁殖的方法和操作要领。

二、准备工作

做苗床的工具为锄头和铁钯。选定扦插树种，准备好剪枝剪、洒水壶等工

具。

三、实训方法

采用早春休眠枝扦插。

四、实训要求

在安排学生进行落叶树成熟枝扦插繁殖训练时，首先要求学生了解落叶树成熟枝扦插繁殖相关知识，然后由教师选择当地常见落叶性园林树木作为训练材料，在教师的指导下，学生自行制订训练计划，按计划进行落叶树成熟枝扦插繁殖的全程操作。待插穗生根成活后，教师要组织学生进行训练效果评估。

实训十五　常绿树半成熟枝扦插繁殖训练

一、实训目的

常绿树半成熟枝扦插繁殖训练的目的是通过本训练，使学生掌握常绿树半成熟枝扦插繁殖的方法和操作要领。

二、准备工作

做苗床的工具为锄头和铁耙。选定扦插树种，准备好剪枝剪、洒水壶等工具。

三、实训方法

采用生长期扦插。在具有明显雨季的长江中下游地区，就在雨季时期进行训练，即采用梅雨期扦插。

四、实训要求

在安排学生进行常绿树半成熟枝扦插繁殖训练时，首先要求学生了解常绿树半成熟枝扦插繁殖相关知识，然后由教师选择当地常见常绿性园林树木作为练习对象，在教师的指导下，学生自行制订训练计划，按计划进行常绿树半成熟枝扦插繁殖的全程操作。待插穗生根成活后，教师要组织学生进行训练效果评估。

实训十六　草本植物扦插繁殖训练

一、实训目的

草本植物扦插繁殖训练的目的是通过本训练，使学生掌握草本植物扦插繁殖的方法和操作要领。

二、准备工作

做苗床的工具为锄头和铁钯。选定宜扦插花卉作为练习对象，准备好剪枝剪、芽接刀、洒水壶等工具。

三、实训方法

草本植物扦插宜用生长期扦插作为训练方法。

四、实训要求

在安排学生进行草本植物扦插繁殖训练时，首先要求学生了解草本植物扦插繁殖的相关知识，然后由教师选择当地常见花卉作为训练材料，在教师的指导下，学生自行制订训练计划，按计划进行草本植物扦插繁殖的全程操作。待插穗生根成活后，教师要组织学生进行训练效果评估。

实训十七　切接繁殖训练

一、实训目的

切接是枝接的重要方法，在生产上应用广泛。进行切接繁殖训练的目的是通过本训练，使学生掌握切接繁殖的方法和操作要领，并对切接有一个全面的了解。

二、准备工作

教师应提前选定训练对象，繁殖好砧木材料。准备好剪枝剪、枝接刀等工具。准备好绑缚用的塑料薄膜。

三、实训方法

采用早春休眠枝切接。

四、实训要求

在安排学生进行切接繁殖训练时，首先要求学生了解切接繁殖的相关知识，然后由教师选择当地常见园林树木作为训练材料，在教师的指导下，由学生自行制订训练计划，按计划进行切接繁殖的全程操作。待嫁接成活后，教师要组织学生进行训练效果评估。

实训十八　T字形芽接繁殖训练

一、实训目的

T字形芽接是芽接的重要方法，在生产上应用最为广泛。进行T字形芽接繁殖训练的目的是通过本训练，使学生掌握芽接繁殖的方法和操作要领，并对芽接有一个全面的了解。

二、准备工作

教师应提前选定训练对象，繁殖好砧木材料。准备好剪枝剪、芽接刀等工具。准备好绑缚用的塑料薄膜。

三、实训方法

采用生长期T字形芽接。

四、实训要求

在安排学生进行T字形芽接繁殖训练时，首先要求学生了解T字形芽接繁殖的相关知识，然后由教师选择当地常见园林树木作为训练材料，在教师的指导下，由学生自行制订训练计划，按计划进行T字形芽接繁殖的全程操作。待嫁接成活后，教师要组织学生进行训练效果评估。

实训十九　空中压条繁殖训练

一、实训目的

空中压条是各种压条繁殖方法中对操作要求最高的一种，从学习上来说具有典型性。进行空中压条繁殖训练的目的是通过本次训练，使学生掌握空中压条繁殖的方法和操作要领，并对空中压条有一个全面的了解。

二、准备工作

教师应提前选定训练对象，准备好剪枝剪、嫁接刀等工具，以及包裹材料和填充基质。

三、实训方法

采用生长期空中压条。

四、实训要求

在安排学生进行空中压条繁殖训练时，首先要求学生了解空中压条繁殖的相关知识，然后由教师选择当地常见园林树木作为训练材料，在教师的指导下，由学生自行制订训练计划，按计划进行空中压条繁殖的全程操作。待所压枝条生根剪下种植成活后，教师要组织学生进行训练效果评估。

实训二十　分株繁殖训练

一、实训目的

分株繁殖训练的目的是通过本次训练，使学生掌握分株繁殖的方法和操作要领。

二、准备工作

教师应提前选定训练对象，准备好锄头、刀、起树铲、锯等工具。

三、实训方法

采用休眠期分株。

四、实训要求

在安排学生进行分株繁殖训练时，首先要求学生了解分株繁殖的相关知识，然后由教师选择当地常见园林树木作为训练材料，在教师的指导下，由学生自行制订训练计划，按计划进行分株繁殖的全程操作。待分栽的新植株成活后，教师要组织学生进行训练效果评估。

第二节　园林植物生产基本抚育管理措施

抚育管理是繁殖后的园林植物生产的重要工作内容，具有很强的技术性。抚育管理的内容也非常丰富，且占园林植物生产的大部分时间，尤其是在苗木生产中占的时间比例更大。

抚育管理的内容包括分栽培大、松土除草、施肥、排水灌溉、修剪整形、病虫害防治、起掘等，下面对上述内容分别进行介绍并要求学生进行相关训练。

一、分栽培大

繁殖成活的幼苗，在苗床上生长一段时间后会因过密而影响生长，这时就需要进行移植。园林树木的苗是移植到培大地继续培育；而花卉则要通过定植，培育成成品花卉。

1. 苗木分栽培大

繁殖成活的树木幼苗在繁殖床的密度很大，无法培育成壮苗。通常幼苗在繁殖床上生长到休眠期，最迟到春季萌芽前，要将幼苗种植到苗圃地上去。

(1) 做苗床。培大苗木的苗床，要选地势高燥、平坦、土质好、排水通气良好的土壤，保证苗木能健壮成长。

1) 耕地：根据苗木的不同类型，翻耕深度30～50厘米。在耕地时剔除石块、老树根等影响苗木根系生长的杂物。施入基肥，基肥以腐熟有机肥为主，施肥量为300～500千克/100平方米。如果是春季使用的圃地，宜在入冬时耕地，经冬季冻垡后于开春种植前做床，可有效地冻死越冬病虫害。

2) 做床：用于培大苗木的圃地，种植小苗的一般要做苗床，床面宽1～1.5米，高15～20厘米，长30米左右；种植大苗的床面可宽些，可增至2～2.5米，甚至可不做床。苗床宜东西走向，有利充分利用光能。

(2) 移植季节。植物在休眠期生命活动最弱，移植对其生长的影响最小，适合移植。常绿树的休眠不明显，在雨季移植也十分适宜，此时由于经常下雨而空气湿度较高，植物的蒸腾作用不是很强，也有利幼苗的移植。分栽移植一般宜选择无风阴天，随起随栽。

1) 春季分栽移植：苗木分栽培大时期一般宜在苗木的芽萌动前的春季进行，此时土壤开始解冻，有利操作也不会冻伤根系。栽植后及时浇水，这样待气温回升，苗木有很高的成活率。这一时期适合大多数苗木的移植。在冬季严寒或对在当地不甚耐寒的边缘树种而言，更以春栽为好，如广玉兰、鹅掌楸等。西北、华北等地区春旱严重，风大，气温回升快，会造成苗木枯梢，移植宜晚一些，移植后要加强水分管理。

落叶树种宜早，土壤刚化冻就可以移植，如杨树、金钱松、柳树、榆树、槐树、栎树、枣树等。而常绿树种发芽较迟，移植可稍晚一些，如山茶花、桂花、樟树、深山含笑等。

2) 夏季分栽移植：适合喜温常绿阔叶树种移植。在长江中下游流域地区则主要集中于初夏的梅雨季节移植，这时期该地区雨水较多，空气湿度大。夏季移植时，要对树冠枝叶进行修剪，防止水分过度蒸腾；栽后需遮阳，防止暴晒而使苗木失水影响成活，有条件可结合喷雾。梅雨季移植的，如遇短期光强高温，同样要采取遮阳、喷雾等措施，防止因过量失水而影响移植苗木的恢复生长。

3) 秋季分栽移植：秋季气候干燥，天气转凉，苗木地上部分生长缓慢，但根系还在继续生长，这时进行分栽培大，根系受伤部分在冰冻前仍可以愈合，长出新根。但秋季分栽不可太晚，否则移植太晚苗木的根系得不到及时恢复，会降低苗木的抗寒能力，影响移植成活率。

华北地区夏、秋为雨季，空气湿度大，秋季是较理想的移植时间。

4）冬季分栽移植。华南、华中、华东等地区，冬季土壤基本不结冰，可以冬季分栽移植。如广东、海南冬季最低气温在13℃以上，1月份即可移植榕树、三角花、椰子等。

（3）移植时期。不论以何种方法繁殖的苗木，多数树种的小苗通常留床一年后于翌年移植，如七叶树、香椿、槐树、榆树、银杏、樟树等。一些树种苗期生长较慢，可两年或三年移栽，如黑松、白皮松、冷杉等。由于环境、土质、气候、湿度、地区的差异，同一种苗木的年生长量也不同，可依据苗木生长情况确定移植时期。

如果繁殖时密度较高，叶片重叠，下部大部分叶片已得不到光照时，即可移植。

（4）移植。苗木在培育过程中，由于植物不断长大，原来的株行距会使植物间互相拥挤争夺生存空间，造成苗木质量下降。所以，苗木培育一段时间后需要扩大株行距重新种植继续培育，直到出圃。另外，不经移植，乔木苗的主根会不断向土层深处生长，侧根也会向四周不断生长，造成在根茎部附近根系稀少，影响苗木出圃时的成活率，通过移植切断长得过长的主侧根，促进根茎部附近根系的生长，有利苗木出圃时的成活率。苗木移植主要有以下操作步骤：

1）挖种植穴：除苗太小以开沟种植为宜外，多数情况下以挖种植穴种植为宜。不论是穴植还是沟植，都要根据苗的大小、生长的趋势、再次移植的间隔期确定株行距。通常是先挖好种植穴或种植沟，然后起掘苗木立即种植。

2）起掘：一般情况，移植的苗多是本苗圃的苗，能做到随起随种，所以，一般的小苗可裸根移植和带宿土移植，较大的苗或移植不易成活的苗带泥球移植。

3）定植

①定植时使裸根苗或带宿土苗舒展根系。

②覆土前调整好苗木树冠朝向，一般是将原来朝北的树冠一侧转至朝南一侧，使树冠长势匀称；而偏冠的苗木，则是将树冠偏小的一侧朝南，可促进该侧树冠长大。

③覆土时扶正苗木。

④覆土。覆土时土块要打碎，覆盖上去的土壤要用锄头柄捣实，做好浇水时的水堰。

⑤较大的苗做好支撑。

⑥浇定根水。定植后浇的第一次水称为定根水。定根水一定要浇透，即使土壤很潮湿也要浇定根水，使土壤与根系紧密结合，有利根系吸水使苗木尽早恢复生长。

4）修剪：移植时的修剪，一是由于根系损伤后影响吸水，通过修剪减少枝叶量，减少水分蒸腾，有利成活；二是适当进行整形，促进苗木树冠定向生长。

（5）容器培育苗木。现代园林绿化对苗木的要求越来越高，绿化工作的季节概念也越来越淡化，土壤育苗已不能完全满足需要，所以，容器培育苗木的比例已越来越高。所谓容器培育苗木是将苗木种植于容器中，就像盆花脱盆布置花坛一样方便，且

苗木成活有保障，不受季节的限制，是苗木生产的趋势。

容器培育苗木的容器可以用各种材料做成，国外多以金属或塑料预制板材按需组装而成，国内在这方面尚刚刚起步，多以木箱种植为主，所以现多称其为苗木箱植。种植苗木的木箱用 2 厘米厚的木板，做成倒梯形的木箱，木箱的大小依据苗木的大小而定。木箱的上口边长 40～80 厘米不等，高度约为上口边长的 2/3。制作木箱时，先设计好尺寸，再组装成倒梯形，木箱边角用铁皮加固。

由于箱植育苗刚刚起步，园林苗圃常把成苗移植于木箱中，经培育，待根系长好后即可出圃。方法是将苗木种植于木箱里，经一年以上的养护管理，出圃时连木箱一起运输，绿化时拆箱种植。

2. 花卉苗定植

花卉幼苗长出 2～3 枚真叶后就需要将其从苗床上或穴盘内起出种植于花盆中。定植是花卉生产的重要手段。花卉定植的流程如下：

(1) 准备培养土。根据所培育的花卉对栽培基质的要求，准备好适用的培养土。

(2) 准备盆具。花卉幼苗定植的盆具要适宜，通常幼苗用小盆，长大些后再换大一号的盆具。幼苗可选用 10 厘米左右口径的小盆。

(3) 起苗。花卉幼苗非常嫩弱，起苗时要很小心。起苗时用左手轻轻捏住幼苗的一片叶，右手握扁平竹签小心挖起幼苗，尽量少伤根系。为防止幼苗干燥影响恢复生长和成活，一次起数 10 株苗后立即上盆。

(4) 上盆

1) 垫盆底：由于用盆较小，可不用碎盆片盖盆底漏水孔，直接垫粗粒培养土，约为盆高的 1/3。

2) 种植。用左手轻轻捏住幼苗的叶片将幼苗放入盆内，右手持花铲将培养土放入盆内至盆高的 2/3；轻轻将苗拎起一些，使根系舒展，并使苗在盆里高度适宜；扶正小苗并小心地用双手拇指和食指按实培养土；再次加填培养土至留盆沿 1 厘米用于浇水，轻摇花盆使培养土平展。如果是穴盘播种的苗，在换大一规格的穴盘时或种于花盆中时，只要连栽培基质一同起出移种即可。

3) 浇水：小苗上盆后，立即浇一次定根水，以水从盆底流出为够。浇水一定要用细眼喷壶，水滴大了会冲走培养土及冲倒小苗。也可用倒渗法给水，即将栽有花卉的盆具放入盛水深达盆高 2/3 的器具内，待盆中培养土表层现湿润后取出。

(5) 摆放。将上好盆的盆花按方便养护操作的原则摆放整齐，一般盆花摆放每行间隔为 1.5 米左右为宜，即人站于两侧过道上能养护到中间的盆花为适宜。最初 3～5 天要有遮阳。

(6) 穴盘定植。常规花卉生产的花卉幼苗定植是定植于小花盆中的，而在工厂化生产中，不仅播种使用穴盘，定苗也使用穴盘，可便于规模化生产和管理。

用于定苗的穴盘规格以72目为宜，每穴种植一苗，经一段时间培育再行移植，种植于花盆中或育苗钵中培育成商品花卉。

实训二十一　苗木移栽培大训练

一、实训目的

苗木移栽培大训练的目的是使学生掌握苗木移栽培大的方法和操作要领。

二、准备工作

训练前准备好定植苗木的圃地和进行移栽的苗木。准备好锄头、起掘铲、浇水工具等。

三、实训方法

采用休眠期移栽为主，也可以在其他时期训练。如果是休眠期移栽训练，则要安排在早春苗木萌芽前进行此项训练。

四、实训要求

在安排学生进行苗木移栽培大训练时，首先要求学生了解苗木移栽培大的相关知识，然后由教师选择当地常见园林树木的小苗作为练习对象，在教师的指导下，由学生自行制订训练计划，经确认符合生产实际后，由学生按计划进行苗木移栽培大的全程操作。教师对学生的实际操作进行现场指导。根据苗木移栽的操作步骤，训练内容主要有：①耕地，做作苗床。②确定株行距，挖种植穴。③起掘苗木。④定植。⑤做水堰。⑥修剪。⑦支撑。⑧浇水。每一子项内容完成时，学生都要向教师报告，由教师做好记录，作为该项训练的评估依据。并不是每种苗木上述操作步骤都要做，但作为教学训练，应尽可能使学生得到全面训练。待移栽的新植株成活后，教师要组织学生进行训练效果评估。

实训二十二　花卉幼苗定苗训练

一、实训目的

花卉幼苗定苗训练的目的是使学生掌握花卉幼苗定苗的方法和操作要领。

二、准备工作

教师应提前选定训练对象，准备好盆具、培养土等。

三、实训方法

采用手工定苗。

四、实训要求

在安排学生进行花卉幼苗定苗训练时，首先要求学生了解花卉幼苗定苗的相关知识，然后由教师选择当地常见花卉作为练习对象，在教师的指导下，由学生自行制订训练计划，经确认符合生产实际后，由学生按计划进行实际操作训练。教师对学生的实际操作进行现场指导。根据花卉定苗的操作步骤，训练内容主要有：①准备培养土和盆具。②起苗。③垫盆底。④上盆。⑤浇水。⑥摆放。每一子项内容完成时，学生都要向教师报告，由教师做好记录，作为该项训练的评估依据。待定植的花卉恢复生长后，教师要组织学生进行训练效果评估。

二、松土除草

各种原因引起的苗地土壤板结和圃地、盆间（内）杂草丛生，均需要松土除草。松土除草是园林植物生产的日常养护管理重要措施之一，其目的是不使土壤板结影响根系透气和不使杂草争肥、争氧气，以利植物生长。

对放置盆花的盆间圃地里的杂草应拔除，这些杂草如不除去，待高过盆面，便会和盆内苗木争夺阳光，引诱和潜藏虫害，对花卉生长造成危害。同时，从整洁角度讲，也应及时将杂草拔除使圃貌美观。

1. 圃地松土

圃地松土是在苗木、花卉生长期间，对表层土壤的耕作措施。圃地松土可增加土壤通气、保温，起到促进根系生长发育的作用。圃地松土操作流程：

（1）工具。锄头或二齿铁耙、编织袋或小箩筐、小车。

（2）场所。栽有苗木的圃地。

（3）松土操作步骤

1）操作者手持锄头或二齿铁耙站于过道上，沿苗木的行间掘松圃地表土，深度大约5厘米。这是松土的基本操作。

2）在松土时发现的石块、树根及其他杂物先置于过道内。

3）修整苗床边角，使床面平整。

4）松土完成后清理场地，将作业产生的一切杂物垃圾清运干净。

2. 圃地除草

当圃地或盆栽花卉的盆内产生杂草时清除这些杂草的作业称为除草。如果圃地或盆内长有杂草，对苗木、花卉生长极为不利，应及时进行圃地除草。因为杂草会与苗木、花卉争夺土壤中的养分和水分，对花卉而言还会争阳光，杂草密集生长还能传播病虫害。对在盆内长出的杂草要尽早拔除，不然待其形成了庞大的根系，拔除时会松动泥土，损伤花卉根系。圃地除草操作流程：

(1) 工具。括子、编织袋或小箩筐、小车。

(2) 场所。栽有苗木的圃地。

(3) 除草操作步骤

1) 操作者手持括子站于过道上，将括子工作面贴放于地表面用力往身边拉，借以割除圃地上的小草。当遇到大型杂草，如刺苋、小藜或杂树小苗等的根茎部已木质化，用前面方法无法除掉，则要像使用锄头掘地似的，稍举高括子，向下用力砍切杂草根茎部，达到除草的目的。

2) 在除草时发现的石块、树根及其他杂物先置于过道内。

3) 修整苗床边角，使床面平整。

4) 将铲除的杂草摊于圃地表面，可起到圃地保湿的作用，腐烂后可作为肥料，改良土壤。

5) 除草完成后清理场地，将作业产生的一切杂物垃圾清运干净。

3. 盆栽花卉松土除草

(1) 工具。花铲，竹签，编织袋或小箩筐、小车等。

(2) 场所。盆栽摆放地。

(3) 松土除草操作步骤

1) 用园艺花铲或竹签将花盆培养土表层轻轻松土，松土时要注意不能伤及花卉根系。

2) 松土的同时拔除地上及盆内杂草，并清理摘除花卉的黄叶、病叶，清除害虫、虫卵等。

3) 花卉根部有松动的要压实培养土，培养土有凹陷的，应随即添加培养土。

4) 清理场地。将杂物清运至垃圾场统一外运；杂草、枯叶、病叶、虫卵等会再次影响到花卉，挖坑深埋处理。

实训二十三　松土除草训练

一、实训目的

松土除草是园林植物生产过程中重要的抚育管理措施之一。松土除草训练的目的是通过本训练，使学生掌握松土除草的方法和操作要领。

二、准备工作

教师应提前选定并准备好训练对象。准备好锄头、括子等工具。

三、实训方法

采用圃地松土除草。

四、实训要求

在安排学生进行松土除草训练时，首先要求学生了解松土除草的相关知识，然后由教师安排好训练对象，在教师的指导下，由学生自行制订训练计划，经确认符合生产实际后，让学生按计划进行松土除草的操作。待完成训练后，教师要组织学生进行训练效果评估。

三、肥料知识及施肥方法

施肥是利用各种肥料来补充和改善土壤的肥力状况，满足植物生长发育过程中的营养元素需求，以达到培育发达的根系、植物生长健壮的目的。从对植物的营养分析及栽培实验中可知，组成植物体的化学元素，即植物生长必需的化学元素有碳（C）、氢（H）、氧（O）、氮（N）、磷（P）、钾（K）、硫（S）、钙（Ca）、镁（Mg）、铁（Fe）、铜（Cu）、锰（Mn）、锌（Zn）、钼（Mo）、硼（B）和氯（Cl）16种。其中植物对C、H、O、N、P、K、Ca、Mg、S所需较多，这些称为大量元素；对Cu、Fe、Zn、Mo、Mn、B、Cl需要量很少，这些称为微量元素。

在上述元素中，C、H、O三种元素主要从空气和水中获得，其他元素则主要从土壤溶液中吸收。其中N、P、K三种元素植物所需数量最多，而在土壤中含量却往往不足，因此，常常成为施肥的主要对象，被称为肥料的三要素。土壤营养与植物所需养分之间存在着供需矛盾，因此，必须通过科学施肥来平衡。

1. 园林植物缺乏营养元素的症状

土壤中某种营养元素供应不足时，植物的代谢就会受到影响，其外部形态也会表现出一定的症状，称为缺素症（表2—1），是一类生理病害。其表现的时期和部位会

有所不同。当补充了所缺乏的元素后，症状会消失。

表2—1 植物营养元素的作用及缺素症

元素	作用	缺素症状
N	构成蛋白质、核酸及叶绿素的重要成分，也是酶和某些维生素的成分	植株矮小，生长受抑制，分枝少，茎秆细弱，叶片小，叶色逐渐变淡绿色，老叶发黄
P	构成核酸、磷脂、ATP及其他含P化合物的元素，提高植物抗逆性和促进代谢	植物瘦小，根系发育不良 叶片小，叶色暗绿或暗紫红色
K	多种酶的活化剂，促进代谢，提高植物的抗逆性	从老叶开始，叶缘先发黄，逐渐焦枯
Ca	改善细胞壁的结构成分，调节生理平衡和离子拮抗作用	植株矮小，幼叶卷曲，叶缘发黄，新叶抽出困难
Mg	叶绿素和果胶的成分，许多酶的活化剂	从老叶开始，叶片基部和叶脉仍保持绿色而叶脉间失绿
S	构成蛋白质和酶不可缺少的成分，影响叶绿素的形成	从新叶开始，叶片失绿，茎细弱
B	促进繁殖器官正常发育，促进碳水化合物及氮的代谢	顶端生长受阻而枯死，叶片变厚变脆，出现坏死斑点
Mo	促进硝态氮还原，促进生物固氮	植株矮小，叶片的叶脉间出现黄色斑块
Zn	促进生长素的合成，促进光合作用	植株矮小，幼叶小，簇生在枝条顶端，呈莲座状，发生“小叶病”“簇叶病”
Fe	促进叶绿素的形成，促进固氮及呼吸作用	叶片发黄，症状从新叶开始，叶脉间失绿，叶脉仍绿色，呈网纹状
Mn	促进光合作用，促进多种酶的活化	叶脉间失绿，进而扩大、增加，最终全部变为黄色，不同植物易发部位不同
Cu	促进呼吸作用和氧化还原作用	新叶失绿，叶尖发白卷曲
Cl	促进光合作用，对气孔开放起调节作用	一般不缺，因自来水等灌溉水中均含氯离子

2. 施肥时期与施肥方法

园林植物在幼苗时期需肥量虽不大，但却很敏感，所以施肥应在幼苗期和速生期进行，到速生期后期要停止施氮肥，以利植物充分木质化。要根据不同植物的要求，在它最需要的时期施肥，才能起到良好的效果。

(1) 基肥。基肥是在播种前或栽植前结合土壤耕作所施的肥料。目的是改良土壤，提高肥力，供应整个苗期所需营养。基肥一般以有机肥料为主，也可适量掺入化肥，由于有机肥中 N 的含量能满足需求，而 P、K 会显不足，因此，掺入化肥以 P、K 肥为主。基肥在耕地前施用，结合耕地将基肥混入土壤中，深度以不少于 15～17 厘米为宜。应注意的是作为基肥的有机肥必须充分腐熟后才能施用，以免灼伤苗根，造成杂草或病虫害蔓延。

(2) 种肥。种肥是在播种时施用的肥料。其主要作用是能比较集中地给植物初期生长提供所需的营养元素。尤其是磷肥需要早施，因为许多植物的种子发芽生根就能吸收，而且磷的营养临界期在早期，早期施磷肥能提高磷的再利用率。一般可用的肥料主要有磷酸二氢钾、磷酸二铵等。种肥可采取浸种、拌种、蘸根等方式施用。

(3) 追肥。追肥是在植物生长期内施用的肥料。其作用是补充基肥、种肥的不足。用作追肥的肥料多为速效性肥料，氮、磷、钾类化肥作追肥时，浇施浓度应掌握在 0.1%～0.5% 为宜。追肥的方法主要有沟施、浇施和撒施三种。沟施又称条施，是在植物行间开沟，把肥料施入后盖土，要求在行间离植物根茎部 10 厘米处开沟，深 6～10 厘米。浇施是将肥料稀释后全部喷洒于苗床上，喷洒后用清水冲洗苗株，或配合灌溉施入土中。撒施是将固体肥料均匀地撒在床面，然后浇水或浅耙。

以上三种施肥方法以沟施肥料利用率最高。以尿素为例，用沟施法植物吸收率为 45%，撒施仅为 14%，浇施为 27%。撒施和浇施的共同缺点是施肥浅，肥料不能全部被土盖上或不能覆土，因而降低了肥效，尤其是挥发性大的肥料。

(4) 根外追肥。根外追肥是将速效性的肥料制成溶液，喷洒在植物的茎叶上使之吸收的施肥方法。根外追肥能及时供给植物所急需的营养元素，肥效迅速，一般喷后约 30 分钟至 2 小时植物即开始吸收，约经 24 小时能吸收 50% 以上，在不下雨的情况下，经 2～5 天可全部吸收。根外追肥还可节省肥料约 2/3。

根外追肥使用的溶液浓度一般尿素为 0.2%～0.5%，过磷酸钙为 0.5%～2.0%，磷酸二氢钾为 0.2%～0.3%，其他微量元素为 0.05%～0.5%，小苗尤其浓度要低些。

喷洒时间以傍晚或阴天，空气湿润为宜，在白天日照强烈时忌施。喷后 2 天内如降雨，会冲掉尚未吸收肥料，应补喷。根外追肥只能作为一种补充施肥，不能全部代替土壤施肥。

3. 常用肥料的种类与性质

选用肥料必须符合植物栽培地的土壤条件、气候条件和植物生长特征。坚持以有机肥为主，有机肥料与无机肥料配合使用。如果以化学肥料为主，时间长了会使土壤理化性质恶化，土壤板结而硬化，这样的土壤肥力下降，通气不良，将成为不毛之地。

(1) 有机肥料。有机肥料是由动植物的残体或人畜的粪尿等有机物质经过微生物的分解腐熟而成的肥料。常用的主要有堆肥、厩肥、绿肥、泥炭、人粪尿、饼肥、沤肥等。有机肥料含多种营养元素，又称完全肥料，并且肥效长，能改良土壤理化性质，促进团粒结构形成，增加土壤有机质含量，能有效提高土壤肥力，是园林植物生产不可缺少的肥料。

(2) 无机肥料。又称化肥或矿质肥料，养分较单一，营养元素含量高，不含有机质，肥效快，大多属速效肥。园林植物生产常以氮肥、磷肥、钾肥为主；此外，还有复合肥料、颗粒肥粒、微量元素肥料及间接肥料（如石灰、石膏等）。

1）氮肥：氮肥主要有铵态氮、硝态氮和酰胺态氮三类。铵态氮肥有硫酸铵、碳酸氢铵、氯化氨等；硝态氮肥有硝酸铵、硝酸钙等；酰胺态氮肥如尿素。

①硫酸铵［$(NH_4)_2SO_4$］：简称硫铵，含氮量20%～21%，微酸性速效氮肥。白色结晶，吸湿性较小，易溶于水，生理酸性肥料，长期施用易使土壤板结，最好与有机肥配合施用。可作基肥，也适合作追肥。

②碳酸氢铵（NH_4HCO_3）：简称碳铵，含氮量17%左右，微碱性，白色粉末，易吸湿、结块、分解挥发，储藏时注意干燥低温，必须包装严密，生理中性肥料，对土壤酸碱性影响不大。可作基肥、追肥，应注意深施盖土。不能作种肥，以免氨气挥发熏坏种子，影响发芽。

③氯化铵（NH_4Cl）：含氮量24%～25%，是制造纯碱的副产品，价格便宜，白色结晶，吸湿性比硫铵稍大，易结块，生理酸性肥料长期施用会使土壤酸化、板结。宜作追肥，不宜作种肥，因氯化铵中的氯离子影响种子发芽。

④硝酸铵（NH_4NO_3）：简称硝铵，含氮量33%～35%，为白色结晶，吸湿性强，易溶于水，易助燃引爆，贮藏时应特别注意防潮、防爆。生理中性肥料，易淋失，只适宜作追肥。

⑤硝酸钙［$Ca(NO_3)_2$］：含氮约13%，吸湿性强，易结块，应贮存于通风干燥处，生理碱性肥料，特别适合缺钙的酸性土应用，宜作追肥。

⑥尿素［$CO(NH_2)_2$］：含氮量45%～46%，白色结晶，易溶于水，生理中性肥料，肥效较铵态氮肥和硝态氮肥稍慢。可作基肥、追肥，做种肥要注意安全浓度，根外追肥效果好。

2）磷肥：有水溶性磷肥、弱酸溶性磷肥和难溶性磷肥三大类，常用的有过磷酸

钙和钙镁磷肥等。

①过磷酸钙：又称普钙，其主要成分为 $Ca(H_2PO_4)_2$，是目前我国生产最多的磷肥品种。灰白色粉末，含磷量 14%～18%，水溶性，微酸性速效肥，吸湿性强，易结块而引起磷酸退化。该肥料在土壤中极易被固定而失去有效性，因此，施用时要尽量减少与土壤接触面，尽量集中施，深施、与有机肥混合施用，为提高肥效，应尽可能增加与根系接触面，另外，使用根外追肥效果较好。

①钙镁磷肥：其主要成分是 $Ca_3(PO_4)_2$，成品颜色不一，灰绿色或灰褐色，类似水泥。含磷量 14%～18%，不溶于水，弱酸溶性，碱性肥料，不吸湿，不结块，便于贮藏。该肥料在酸性土壤中使用效果好，最适宜作基肥，应深施以提高肥效。

3）钾肥：主要有氯化钾、硫酸钾和草木灰等。目前以硫酸钾和草木灰应用较多。

①硫酸钾（K_2SO_4）：含钾量 48%～52%；水溶性，生理酸性肥料，宜作追肥和基肥。氯化钾（KCl）与硫酸钾性质相似。

②草木灰：是植物残体燃烧后所剩余的灰分。其成分复杂，含有较多的磷、钾、钙、镁及各种微量元素，其中，钾、钙含量最多，因此称为钾肥。草木灰中的钾是以 K_2CO_3 形式存在的。它是水溶性钾，有效性高，能直接被植物吸收利用。草木灰是碱性肥料，不能与铵态氮肥混合施用，也不能与人粪尿等有机肥和过磷酸钙混合施用，以免造成氮的挥发损失。草木灰宜作基肥、种肥、追肥，尤以种肥为最，在酸性土壤中效果显著。

4）复合肥料：凡是化学肥料中含有 N、P、K 三要素中两种或两种以上营养元素的肥料称复合肥料。其中含两种营养元素的称二元复合，含三种元素的称三元复合（表 2—2）。根据其营养成分和含量，习惯上按 N—P_2O—K_2O 的顺序分别用阿拉伯数字表示，“0”表示不含该元素，如果在复合肥料中含有微量元素的，则在 K_2O 后面位置表明其含量。如 15—15—15—0.5（Zn）—0.12（B），表示含有效氮、磷、钾各 15%，含 Zn 为 0.5%，B 为 0.12%。常用的复合肥料有磷酸铵、磷酸二氢钾、硝酸钾等（表 2—2）。

表 2—2　　复合肥料的种类、成分和施用

种类	肥料名称	有效成分（N—P_2O—K_2O）	施用要点
二元复合肥料	磷酸一铵	12—52—0	条施，作种肥或基肥
	磷酸二铵	18—46—0	条施，作种肥或基肥
	液体磷铵	7—14—0	作基肥或追肥

续表

种类	肥料名称	有效成分 ($N—P_2O—K_2O$)	施用要点
二元复合肥料	硝酸钾	13—0—45	浓度为0.6%～1%
	磷酸二氢钾	0—24—28	浸种，浓度0.2% 喷施，浓度0.3%
三元复合肥料	氮磷钾一号	12—24—12	作基肥或追肥
	氮磷钾二号	10—20—15	作基肥或追肥
多元复合肥料	多效复合肥	10—10—5—0.02（Cu）—0.02（Zn）—001（Mo）	作基肥或追肥和除草剂、杀菌剂等

5）颗粒肥料：又称粒状肥料。用硫酸铵、过磷酸钙和硫酸钾或其他钾肥，与干燥粉碎的泥炭土配合加热而制成。这种肥料因养分被泥炭吸附，在土壤中淋失较少，减少了土壤的固定，因而肥效较高且持久。

6）缓释肥料：缓释肥料是指肥料施入土壤后，以某种调控机制或措施预先设定肥料在植物生长季节的释放模式，养分慢慢释放出来，使养分释放与养分吸收同步，从而有效地提高了肥料的利用率。

①缓释肥料的优点。目前广泛应用的是缓释氮肥，它有如下优点：

a. 养分释放和供应时间长，满足植物持续吸收养分的要求。

b. 降低氮肥的渗漏与挥发，避免了肥料对环境的污染及对人体的潜在危害。

c. 一次施用量较大而不产生灼苗，减少施肥次数。

d. 节约用工。

e. 避免病虫害及其他问题的发生。

②缓释肥料的种类。缓释氮肥主要有四种类型：

a. 微溶性的或低速溶解的化合物，如草酰二胺等。

b. 需要在微生物作用下才能缓慢释放可吸收氮素的物质，如脲甲醛（UF）、脲乙醛（CDU）等。

c. 包膜型肥料，如硫黄包膜尿素（SCU）、钙镁磷肥包膜碳铵等。这种肥料因缓释效果明显，缓释时间可控，被广泛应用。

d. 添加硝化抑制剂的肥料，如长效碳酸氢铵等。

缓释肥料除应用成本较高这一限制外，它既可减少施肥次数和养分流失，又可保证绿化植物、草坪植物、花卉等的养分供应，是发展园林生产和保护生态环境最理想的肥料。

7）微量元素肥料：微量元素肥料是指含有 Fe、B、Mn、Cu、Zn、Mo 等营养元素的肥料。由于植物需要量很少，一般土壤中的含量能满足植物的需要，所以并不是一定要施用。但是有些土壤可能会出现缺少某种微量元素的状况。因此，可根据土壤和植物的实际需要施用。常用的有硼酸（H_3BO_3）、钼酸铵［（NH_4）$_6Mo_7O_{24}\cdot 4H_2O$］、硫酸铜（$CuSO_4\cdot 5H_2O$）、硫酸锌（$ZnSO_4\cdot 7H_2O$）、硫酸锰（$MnSO_4\cdot 4H_2O$）、硫酸亚铁（$FeSO_4\cdot 7H_2O$）等，施用时，一般可用根外追肥的方法施微量元素肥。

（3）间接肥料。间接肥料不是直接供应植物所需的营养元素，主要是改善土壤的理化性质，给植物生长创造更有利的生长环境。生产中，常用的有石膏、石灰及硫黄等。

（4）微生物肥料。微生物肥料是利用对植物生长有益的微生物，经过培养而制成的菌剂肥料的总称。目前常用的有固氮菌、根瘤菌、磷化菌及菌根菌等肥料。

实训二十四 化肥的配制及施肥训练

一、实训目的

通过化肥的配制及施肥训练使学生掌握一般化肥的配制浓度及施肥操作要点。

二、施肥量的计算

在施肥工作中，施肥量能否满足苗木的实际需要是关键。最佳施肥量因土壤条件、苗木种类、密度、苗龄、肥料利用率等而异。应该通过科学试验来确定。计算时，要先知道苗木生长所需养分的数量及土壤中养分数量，然后根据所用肥料的利用率，再分别计算所需养分的数量。计算公式如下：

$$A=(B-C)\div D$$

式中 A——某元素需肥数量；

B——苗木需要的数量；

C——苗木从土壤中吸收的数量；

D——肥料的利用率。

三、配制及施用方法

以尿素为例。尿素可作种肥、基肥、追肥和叶面追肥。作种肥时，不能与种子直接接触，以免引起烧种，影响发芽，同时应严格用量。作基肥、追肥要注意深施，追用到深 10～15 厘米的土层，尿素一般可采取以水带肥的方法追施，即先撒施后浇水，可用数倍或几十倍的干细土与肥料混合均匀后再撒于沟中，然后覆土、浇水。分子态的尿素极易随水渗透到耕作土壤中，比较省工、省时且效果好。或直接将肥料溶于水，再浇入沟中，最后覆土。尿素根外追肥尤佳，浓度以0.2%～0.5%为宜，于早晨或傍晚均匀喷洒植株叶面，喷施时注意叶背亦应喷到（因叶背气孔比叶面多，吸收养分快），为增强黏着时间，可在溶液中加入0.2%的中性皂。

四、实训要求

进行训练时，由教师选定需配的肥料，提出施肥的目的和要求，让学生在教师的指导下制订训练计划，经确认其可行性后，由学生按计划进行化肥的配制及施肥训练。训练完成后，教师应组织学生进行训练效果评估。

四、排水灌溉

植物生长离不开水，圃地或盆土干燥植物缺水时要灌溉，因下雨等原因圃地积水时需排水，所以，排水灌溉是园林植物生产中的重要抚育管理措施之一。

排水通常在雨后圃地积水时进行，简单的方法是开沟排水，如开沟无法排水时，应立即用水泵排水。而对于盆栽花卉的盆内积水，则应侧倒盆具进行排水。在积水时如不及时排水，会因土壤含水量过多，土壤不透气而直接影响植物根系的呼吸，时间过长会造成烂根。

灌溉即给园林植物供水。圃地灌溉通常在干旱时进行，而盆栽花卉需经常浇水。传统的苗床灌溉可以用开沟让水自然流入的沟灌方法，也可用水管浇灌；现代化的灌溉方法有喷灌和滴灌。

用水管浇水是基本的灌溉手段，既可以浇灌苗床，又可以浇灌盆栽，方法是：一手拿着水管口，一手拿着水管口的后端。浇苗床时，水管口离地约20～30厘米，避免冲起土壤溅到苗木叶面上；浇灌盆栽时，水管口靠近盆边，沿盆边浇水，切不可直接浇于花苗上，同样不能将土粒溅到叶面上。

水管亦可作叶面喷雾，方法是：一手握着水管口，一手拿着水管口的后端。握水管口的手的大拇指按住水管口，仅留出很小的缝隙，使管内水压增加，水从缝隙喷出呈现雾状，喷洒在苗的叶面上。也可在水管口安装喷嘴，朝上喷水，使水降淋于苗的叶面。

盆栽花卉浇水需要掌握浇水时机和一天中什么时间浇水适宜的问题。浇水时机各种花卉各有差异，培养土干至何等程度可浇水相差甚大，一般的原则为花卉不发生萎蔫为适宜。一天中什么时间浇水合适，在不同季节或气温条件下也是不同的，通常而

言，在气温高时应在清晨或傍晚浇水为宜，在气温低时宜在中午前后浇水。其原因是水温与土温接近。

实训二十五　水管浇水训练

一、实训目的

通过水管浇水训练，使学生掌握用水管浇水的方法和操作要领。用水管给盆栽浇水的要求比向圃地浇水要求高，通过给盆栽浇水训练，可以达到掌握水管浇水技能的目的。

二、准备工作

浇水练习的对象可选当地常见栽培的盆栽花卉。保证有供训练用的水源，准备好水管。

三、培训要求

待确定练习对象后，根据所学的相关知识，在教师的指导下，让学生自行制订浇水训练计划，经确认符合生产实际后，在教师的指导下实施浇水作业，掌握浇水技能。训练完成后教师组织学生进行训练效果评估。

五、对不适环境的预防措施

植物生长需要有适宜的环境条件，但是环境条件是不断变化着的，当环境条件变得不适宜植物生长时，在园林植物生产中就要采取保护措施，使所生产的园林植物能安全度过不良生长季节。在园林植物生产中常遇到的不良生长条件有光照过强、温度过低、温度过高、风速过大等。

1. 预防强光

光照是绿色植物进行光合作用、制造营养的能源。光照对植物正常生长是必需的。但是，光照过弱或过强都会对植物生长造成不利影响。一般来说，在园林植物生产中光照过弱的情况出现较少，且不会造成严重后果，而光照过强对植物的危害是很大的。所谓光照过强，是指光照强度超过了某植物的光饱和点后使植物受害时的光照强度。

通常而言，植物的光饱和点是不同的，阳性植物的光饱和点很高，夏季全光照也不至受害；中性植物的光饱和点稍低，夏季的强光会对其造成一定的危害；而阴性植物的光饱和点很低，夏季强光会对其造成严重影响，甚至导致其死亡。另外要加以说明的是：植物耐强光照的能力与其年龄有关，如阳性的大乔木，其幼苗能耐阴，小树有一定的耐阴性，而大树则不耐阴。

预防夏季强光对植物生长造成危害的栽培措施有：

(1) 搭荫棚遮阳。一般的荫棚离地高约2～2.5米，生产上用遮光网遮阳，市售遮光网有不同的透光率（70%、50%、30%），可根据植物的不同需光性选择不同透光率的遮光网进行遮阳，甚至可用2层遮光网。这种方法适用于苗木的小苗和花卉。

(2) 喷雾增湿减轻日灼危害。对于中性树种而言，夏季强光只是光照强度稍过一些，空气湿度增大时苗木就可能会无日灼危害。喷雾增湿适用于中性树苗和花卉小苗。

(3) 间作套种。将阴性植物与阳性植物套种，即将阴性树苗种于乔木大苗的行间林下。这样不仅提高了复种指数，而且合理利用了光能。这种方法适用于阴性灌木和阴性藤木。

在苗木移植时和花卉上盆或换盆时，由于根系受到损伤，即使在春秋光照强度不太强时，也需遮阳。

2. 预防高温

夏季气温在34～39℃时，就会使一些不耐高温的花卉生长不良，甚至死亡，苗木在高温时同样会出现生长不良。在生产上，为了使苗木、花卉在高温季节能良好生长，采取有效措施降低环境温度非常重要。

预防夏季高温对植物生长造成危害的栽培措施有：

(1) 喷雾降温。由于水的汽化可有效地吸收热量而起到降温作用，所以，在圃地进行喷雾可降低气温，促进植物生长。

(2) 遮阳降温。遮阳措施在减弱棚下光照强度的同时，可以起到降温的作用。

3. 预防低温

环境温度下降使植物新陈代谢减弱，最后进入休眠。如果温度进一步下降，超过该植物能忍受的最低温时，就会对植物造成危害，导致其被冻伤或冻死。由于各种园林植物的原产地不同，耐低温的能力不同，所以应采取的栽培措施也不相同。冬天风雪交加，天气寒冷，苗木新陈代谢放慢，低湿易冻伤苗木的根、枝干、叶，给育苗造成严重损失，所以必须防寒保暖。

预防冬季低温对植物生长造成危害的栽培措施有：

(1) 抗寒锻炼。随着气温下降，采取措施提高苗木、花卉的耐寒能力。方法有：减少供水抑制营养生长，促进枝条木质化；停施氮肥、增施磷钾肥，促进植物体内物质转化，提高细胞液浓度。

(2) 灌水保温。水的比热容大，灌水后可使圃地温度变化减小。

(3) 覆盖防寒。减轻或避免霜、雪直接危害，可在苗木基部或花卉叶丛上覆盖稻草等覆盖物。有些植物可以直接采取壅土的方法，如越冬的地下休眠器官。

(4) 浅耕导热使土壤升温。通过浅耕使表层土壤疏松，增加土壤空隙而提高土壤吸热量，同时以空气作隔温层起保温作用。

4. 预防风灾

适当的空气流动有利植物生长，风如过大，则会对植物生长造成危害。

风沙危害的地区，在苗床周围可通过设置防风林带代替围栏。其在防风的同时，也起到安全保护作用。

在华北地区，可以在苗圃培植床的北侧种植桧柏、冷杉、木槿等乔灌木作风障，风障的南侧可形成较温暖的小气候。

有台风的沿海地区，在台风季节来临之前，对苗木进行支撑，预防苗木倒伏。根据天气预报，在台风来临前夕，事先撤除荫棚上的遮光网、加固荫棚架，以防造成人身伤害和其他破坏事故。

把苗床建在既通风又不是风口的地方，这是最理想的育苗培大场地。

第三节 苗木修剪方法

修剪是苗木生产的重要技术措施之一，对促进苗木生长、调节枝条的长势、定向培养苗木形状具有重要意义。本节讲述苗木修剪的基本知识和园林树木的常见形状及其整形方法，并通过训练，掌握苗木修剪、整形的操作技能。

一、苗木修剪与整形

树木都有其固有的生长发育规律和树冠形状，但是应用于园林绿化的园林树木，仅仅以自然树形是不够的，需要具备一定的人工雕琢的形状，这就需要通过整形来加以完成。所谓整形是指对幼树采取一定的措施，使之形成一定的树体结构和形态的方法，通常是通过修剪来实现整形；而修剪是剪去树冠中的一部分枝条或剪去枝条的一部分，用以调节其生长势，使枝条的生长向人们需要的方向发展的方法。所以，在苗圃培育苗木时，不仅要让苗木快速成材，而且要培养成一定的树形。

1. 修剪的植物学基础

(1) 芽的特性。芽是枝条或花的雏形，萌发后形成枝或花。树冠由枝条组成。

1) 芽的类别：依据芽的位置分为定芽和不定芽。具有固定位置的芽称为定芽，其中位于枝端的称为顶芽，位于各节的称为侧芽或腋芽。由老茎、根的基本组织衍生或愈伤组织分化形成的芽称为不定芽。

依据芽的性质分为叶芽、花芽和混合芽。叶芽萌发为枝，花芽萌发为花或花序，混合芽萌发成基部带叶的花序。

依据芽的活动性分为活动芽和休眠芽（又称为潜伏芽或隐芽）。活动芽于形成的当年或第二年即萌发，顶芽或近枝顶的几个侧芽往往是活动芽。休眠芽第二年不萌发，以后可能萌发或一生处于休眠。休眠芽多位于枝的中下部，不同树种的休眠芽寿命相差悬殊。

2）芽的异质性：同一枝条不同位置的芽的质量存在差异的现象称为芽的异质性。导致芽的异质性的原因有：营养状况、激素水平、生长温度等。通常而言，枝条基部的芽是在春季芽刚萌动时形成的，此时气温尚低，无叶面积或叶面积小，所以芽的质量差；而枝条中上部的芽是在春季稍迟些时候形成的，此时气温已升高，已有一定的叶面积，营养充足，所以芽的质量好。有些植物以当年生枝的顶芽开花，当花芽形成后营养主要供应花芽的发育，所以近枝端的侧芽质量反而较差，如月季花。有些灌木树种以萌蘖更新保持旺盛生长，而枝端以开花为主，这类树种以枝条中下部的侧芽质量好。

3）芽在修剪中的作用：芽的质量直接影响着芽的萌发和萌发后枝条的长势，修剪中利用芽的异质性来调节枝条的长势，平衡树木的生长发育。生产中为了使骨干枝的延长枝发出强壮的枝头，常在枝条中上部饱满芽处进行剪截。对生长过强的个别枝条，为限制其旺长，在弱芽处下剪，由弱芽抽生弱枝缓和枝势。总之，在修剪中合理地利用芽的异质性，才能充分发挥修剪的应有作用。

休眠芽和不定芽常用来更新复壮老树或老枝，一般在苗木生产中应用较少。

(2) 枝条的特性。依据枝条的性质可将枝条分为营养枝和开花结果枝两类。只着生叶的枝条称为营养枝，产生花芽并开花结果的枝条称为开花结果枝。作为绿化苗木生产，在苗圃培育时主要是培大苗木和对苗木进行整形，所以，修剪对象主要是营养枝。而开花结果枝在应用于绿地的观花、观果树种的修剪时是重要处理对象。

营养枝如生长过分旺盛，称作徒长枝；而生长势很弱的枝称为细弱枝。

在春季萌发长成的枝条称为春梢，由春梢上的芽在当年夏季继续萌发而成的枝称为夏梢，由春梢或夏梢上的芽在秋季萌生的枝称为秋梢，秋梢一般发育不充分。

(3) 树木的分枝方式。自然生长的树木有多种多样的树冠形式，这是由于各树种的分枝方式不同而形成的。

1）总状分枝（单轴分枝）：这类树木顶芽健壮饱满，生长势极强，每年能向上生长，形成高大通直的主干，侧芽萌发形成侧枝。侧枝上的顶芽和侧芽以同样的方式进行分枝，形成次级侧枝。这种分枝方式形成的树冠大都是塔形、圆锥形或椭圆形等（图2—9）。这类分枝方式比较原始，裸子植物多为此种分枝，而在被子植物中典型的树种不多，常见的有杨树、桦树、栎树等，多数树种的总状分枝往往在幼树期是明显的，当进入开花结果期就不明显或转为合轴分枝或假二叉分枝，如玉兰、泡桐等。

2）合轴分枝和假二叉分枝：有些树木顶芽发育到一定时期死亡或生长缓慢或分化成花芽，由位于顶芽下方的侧芽萌发成强壮的延长枝，以后，延长枝又自剪，如此反复分枝。如果是叶互生的树种，形成合轴分枝；如果是叶对生的树种，往往顶芽下的一对侧芽同时萌发，则形成假二叉分枝。此类分枝的树种，形成的树冠开张，成球形、伞形等（图 2—10）。

树木分枝方式决定树冠形状。在整形修剪工作中，根据树木的分枝特点来决定选择自然式或整形式的观赏树形和修剪方式。

(4) 顶端优势。同一枝条上顶芽或位置高的芽抽生的枝条长势最强，向下生长势递减的现象称为顶端优势。顶端优势与树体内营养的分配和内源激素的分布有关。顶端优势的强度与枝条的分枝角度有关，枝条越直立，顶端优势表现越强，反之，枝条越下垂，顶端优势越弱。修剪时将枝条顶部剪去，解除顶端优势，能促使侧芽萌发；对壮枝加大与主干或主枝的角度，扶直弱枝缩小其与主干或主枝的夹角，能达到抑强扶弱的作用。

图 2—9　树木的总状分枝

a)　　b)

图 2—10　树木的合轴分枝和假二叉分枝

a）玉兰的合轴分枝　b）蜡梅的假二叉分枝

(5) 干性与层性。树木分枝点以下，直立生长的部分称为中心主干，主干的强弱因树种不同而异，中心主干强弱程度和持续时间的长短称为干性（图 2—11）。顶端优势明显的树种，能形成高大、通直的主干，如雪松、杨树的干性强；而桃、石榴虽有主干，但中心主干短小，它们的干性弱。

主枝在主干上的分布或二级侧枝在主枝上的分布形成明显的层次称为层性（图2—12）。层性取决于顶端优势，顶端优势强的树种，每次发芽总是顶芽和近顶芽的数个侧芽萌发成枝，而再往下的侧芽不萌发，于是所产生的新枝条在母枝顶端呈轮生状，每次发芽形成一轮，具有明显的分层现象；反之，顶端优势弱的树种，侧枝没有分层现象。层性随树龄增大，整株树的长势减弱而渐弱。

a) b)

图2—11 树木的干性

a）干性强 b）干性弱

a) b)

图2—12 树木的层性

a）层性强 b）层性弱

了解干性和层性，对园林树木的整形和修剪有指导意义。

2. 苗木修剪的时机

苗木修剪要在适宜的季节进行，如果在任意时间任意修剪势必对植物的生长发育造成不良影响。虽然各地由于气候不同而有所差异，但总是有其规律可循的，也就是要与植物的生长发育节律相一致，不能因修剪而导致长势衰弱。归纳起来，苗木的修剪可分为休眠期修剪和生长期修剪两类。休眠期修剪对植物生长发育的调节和整形的程度可以比较大，而生长期修剪对植物的调节和整形不能过大。

（1）休眠期修剪。所谓休眠期修剪是指在不良生长季节（如低温、干旱等），植物处于相对生长停滞阶段的修剪。此时，植物的各种代谢水平很低，体内养分大部分回归根部或主干，这一时期修剪程度大也不致对植物的生长发育造成较大影响。通过

休眠期修剪可以对植物的生长发育做出较大的调节，也可以进行大强度的整形修剪。

以低温迫使植物休眠为例，休眠期修剪在冬季进行，具体是在植物进入休眠至萌芽前这一时期。通常而言，落叶树种进入休眠的特征是明显的，即以落叶作为休眠的标志，而常绿树就不那么明显了。

在休眠期的较早时段或较迟时段修剪都是可以的，但也稍有差异，较早的修剪可以使保留下来的芽得到充分的孕育，开春按时萌发；较迟的修剪由于枝条下部的芽受顶端优势的影响，往往较瘪，萌发前需要孕育，会在开春时推迟萌芽。因此，在生产上要合理安排修剪时间。冬季严寒地区以早春修剪为宜。对于有伤流现象的树种，一定要在树液流动前修剪。

(2) 生长期修剪。所谓生长期修剪是指在植物处于生长发育旺盛时期进行的修剪。此时，植物的各种代谢水平均较高，光合产物多分布于生长旺盛的嫩枝、叶、花和幼果处，修剪会损失大量养分；再者，修剪程度过大，会由于叶面积的大量减少而导致光合产物锐减，极大地减缓植物生长发育进程。所以，这一时期的修剪，只能对植物的生长发育起轻度的调节作用，整形也只能是对休眠期修剪的补充，修剪程度不宜过大。在夏季有较长期高温的地区，植物由于环境温度过高而处于半休眠状态，这时的修剪程度可略重些。

3. 修剪技法与修剪强度

修剪的技法归纳起来有短截和删剪两类，在生产上可根据调节生长势和整形的不同目的而灵活应用。

(1) 短截。剪去当年生成熟枝的一部分，保留枝条的一定长度和一定数量的芽，称为短截，也称短剪（图 2—13)。短截的目的是刺激剪口下的侧芽萌发，抽发新梢，

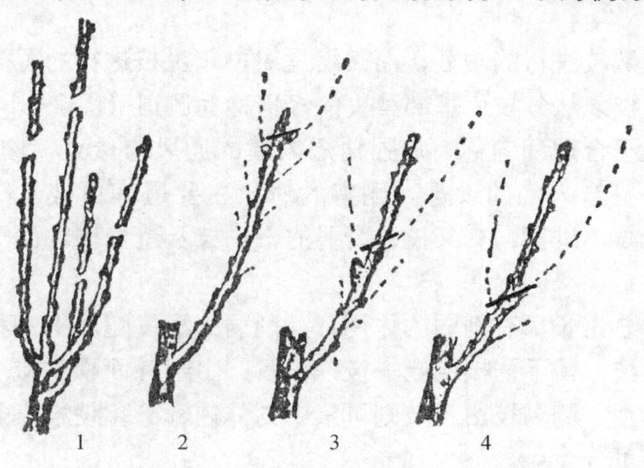

图 2—13　短截

1—短截一年生枝　2—轻短截　3—中短截　4—重短截

增加枝条数量，多发叶多开花。

短截程度影响到枝条的生长，短截程度越重，对单枝的生长量刺激越大，因此，希望修剪后萌枝长得长和粗壮些，短截程度就该强些；反之，短截程度应该轻一些。根据短截的程度，可将短截分为：

1）轻短截：剪去枝条先端占枝条长度的1/5～1/4的短截称为轻短截。修剪后刺激单枝生长量小，萌发的侧枝长势较弱，能缓和树势。

2）中短截：剪去枝条先端占枝条长度的1/3～1/2的短截称为中短截。修剪后侧芽萌发多，成枝力高，生长势强，枝条加粗生长快，一般用于培育延长枝和骨干枝。

3）重短截：剪去枝条先端占枝条长度的2/3～3/4的短截称为重短截。修剪后发侧枝少，而这些枝条的生长势多过分旺盛，以徒长枝居多。但会削弱树木整体的生长量。

4）极重短截：剪去枝条绝大部分仅留基部1～2个瘪芽的短截称为极重短截。修剪后萌生1～2个弱枝，可起到降低枝位的作用，多用于竞争枝的处理。

另外，属于短截性质的修剪还有：

摘心：在新梢抽出后，为了限制新梢继续生长而将生长点摘去或将嫩梢先端剪去的修剪称为摘心。通过摘心可起到解除顶端优势，促发侧枝扩大树冠的作用，球形苗的培育以摘心为主。通过摘心可促发侧枝，削弱壮枝的长势而使枝条生长中庸，从而达到有利花芽形成的作用，苗木生产中应用较少。

回缩：将多年生枝条剪去一部分的修剪称为回缩，又称缩剪。当树木或枝条生长势减弱，部分枝条开始下垂，树冠中下部出现光秃现象时，为了恢复枝势或树势而采用回缩修剪。回缩修剪多应用于大树的长势调节，一般在苗木生产上此修剪方法应用很少。

摘心是对未成熟枝进行的短截；而回缩是对多年生枝进行的短截。

（2）删剪。将枝条从分枝点基部剪去的修剪称为删剪（图2—14），又称疏删。删剪能使枝条分布趋于合理和匀称，加强树冠内膛的通风与透光，增加光合作用产物，使枝叶生长健壮，符合人们的设想。删剪的对象主要是病虫枝、伤残枝、内膛密生枝、干枯枝、并生枝、过密的交叉枝、衰弱的下垂枝及造型树木的干扰枝等，使枝条的分布理想化。

删剪对全树的总生长量有削弱的作用，其削弱的程度随删剪的程度和删去枝条的强弱有关。删去强枝，留下弱枝或删去枝条过多，由于叶面积的减少对树木的生长会产生较大的削弱作用。删弱枝留强枝则可集中树体内养分，使枝条长势加强。根据删剪量的大小，删剪可分为：

1）轻度删剪：删去的枝条数不超过全树的10%。

2）中度删剪：删去的枝条数在全树的10%～20%之间。

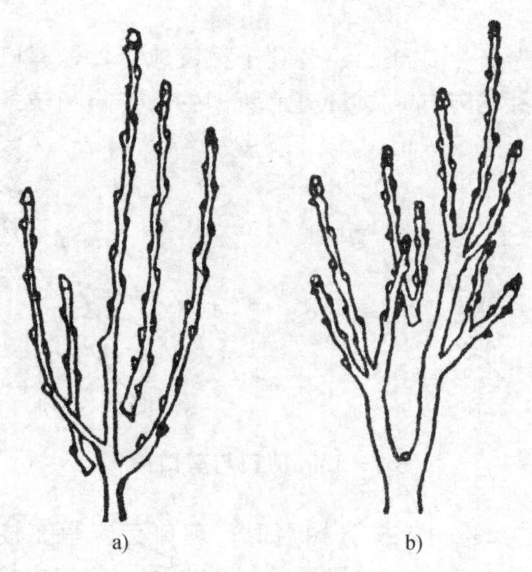

图 2—14　删剪

a）删剪一年生枝　b）删剪多年生枝

3）重度删剪：删去的枝条数超过全树的 20%。

另外，属于删剪性质的修剪还有：

抹芽：将新萌发的幼芽除去称为抹芽。对萌芽力强的树种，春季在主干上或侧枝上所形成的新梢过多时，需进行抹芽。通过抹芽可避免过多的枝条争夺养分而使生长势减弱，以及因枝条过多而使树冠内膛通风透光不良。

除蘖：将树木根茎部产生的萌枝除去称为除蘖。除蘖可避免具有萌蘖能力的乔木成为丛生状，培养独立主干。嫁接苗在成活初期由于砧木会产生蘖芽，这些砧蘖会对接穗的生长产生不利竞争，影响接穗健壮生长，所以，除蘖是嫁接苗抚育的重要技术措施之一。

长放：将大枝上的侧枝删除的修剪称为长放。长放有利扩大树冠，增加光合作用面积，利于养分积累。在育苗中为了快速形成树冠，有时会用到长放的修剪技法。

抹芽和除蘖是对未成熟枝进行的删剪；而长放是对多年生枝进行的删剪。

4. 剪口处理

枝条被剪后，留下的伤口称为剪口，距剪口最近的芽称为剪口芽。修剪时正确处理剪口和剪口芽对修剪的结果有重要影响。

（1）剪口。短截枝条时，剪口有平和斜两种。剪口一般要求位于剪口芽上方 0.5～1 厘米处，平剪口与枝条的纵轴垂直，而斜剪口的斜面与枝条的纵轴成 45°角，从剪口芽的对侧向上剪，斜面上方与剪口芽齐平或稍高，斜面最低部与芽基部相平。一般以平剪口为宜。

删剪的剪口应与枝干齐平或略凸，有利于剪口愈合。忌剪口留得过长。

(2) 剪口芽。剪口芽的方向、质量决定新梢生长方向和枝条的生长势。选择剪口芽应根据修剪目的而定（图2—15）。以下分别介绍。

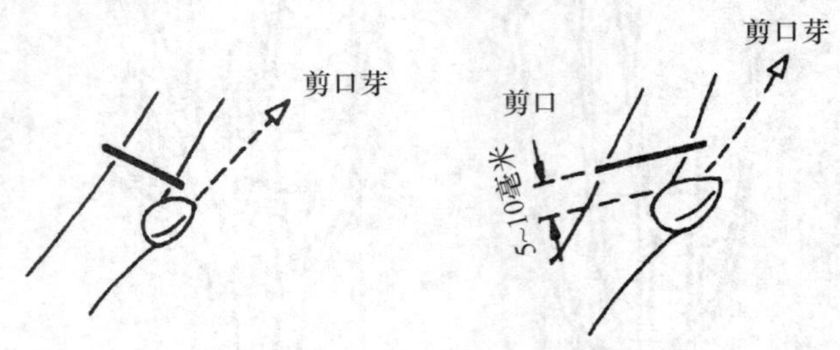

图2—15　剪口与剪口芽

1）调整树冠的短截：需向外扩张树冠时，剪口芽应留在枝条的外侧；如果欲填补内膛空虚，剪口芽方向应朝内。如果是叶对生树种，前者应把内侧的芽剥掉，而后者应把外侧的芽剥掉。

2）调整枝条长势：对生长过旺的枝条，为抑制其生长，以弱芽作剪口芽，扶弱枝时选留饱满的壮芽作剪口芽。

3）整形修剪：自然开心形整形时，作为主干延长枝的剪口芽应选留方向与前一年的留芽相反方向的芽，保证枝条生长不偏离主轴；主枝延长枝的剪口芽应选留在枝条的上方。

(3) 截大枝方法。对较粗大的枝干行回缩或删剪时常用锯操作。从上方起锯，锯到一半时，往往因为枝干自身重量的压力造成劈裂，从枝干下方起锯会因为枝干自身重量的压力造成夹锯。因此，在锯除大枝时，采用分步作业法，即先在枝干下方向上锯入深达枝粗的1/3左右时，再从上方锯下，直到锯断枝条为止，则可避免劈裂和夹锯。锯下大枝后修平剪口，以利愈合，同时涂抹防腐剂防腐（图2—16）。

5. 调节苗木生长的修剪手段

掌握上述修剪技法后，就要在苗木生产的实际中加以应用。通过修剪调节长势和整形的栽培措施主要有：

(1) 截干养干。播种苗在第一次移植后的次年，扦插苗在移植后的当年，如果主干长势良好，在能达到分枝高度的情况下，可直接进入培养骨架枝的阶段。但往往有部分苗的树干软弱、弯曲扭转，不符合要求，这就要对主干加以纠正。生产上用截干养干的手段来解决。所谓截干养干，实际上是对树木主干的重度短截，通过重度短截使根茎部产生强壮的萌枝，用以代替原不合格主干的修剪手段。具体的做法是在休眠期将苗木的地上部分仅留地面2~5厘米全部剪掉或锯掉，开春当萌枝产生后并长到

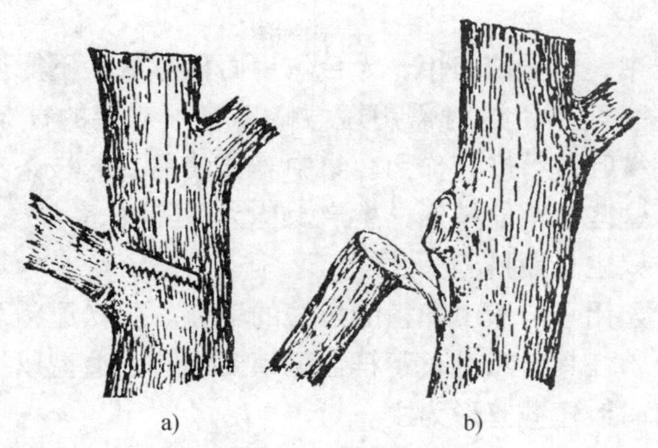

图 2—16　大枝锯除法

a）先从下而上锯，再自上而下锯断

b）单从上而下锯，易折裂形成大伤口

10～20 厘米长时进行抹芽，仅留一个壮枝培育成健壮主干。为了培育良好主干，生长期要加强肥水管理。通常来说，经截干养干后的苗木，其当年的生长量即可赶上未进行截干养干的苗的高度和粗度。截干养干是将弱苗培育成壮苗的重要手段。

（2）调节顶端优势。在幼树期，由于树木的生长势旺盛，如何发挥和抑制顶端优势，对苗木生产意义重大。

1）发挥顶端优势的作用。对于总状分枝的树木，在培养高大树冠时，要利用其顶端优势。在苗木抚育时常见的情况有：

①扶正顶梢发挥顶端优势：如雪松在幼树期顶梢常弯垂而自然削弱顶端优势，易产生双主干破坏树形的现象，需人工扶正顶梢。方法是扎小竹竿将顶梢扶正。

②顶梢出现竞争枝时要消除竞争：如银杏苗常会形成直立并列枝，无法形成单一主干，这时需将多余的直立枝留弱剪口芽行重短截或行删剪。

③当顶芽意外损伤后要人为培育主干替代枝：如果主干顶芽损伤而不能形成正常树形时，应选近顶端的健壮侧枝，将其扶直，使其顶芽位置升高，增强顶端优势，使主干继续向上生长。

2）抑制顶端优势的作用。抑制顶端优势可能在生产中应用更多，在苗木抚育时常见的情况有：

①通过抑制一部分枝条的顶端优势而促进另一部分枝条的顶端优势。这在前文“发挥顶端优势的作用”中已做了介绍。

②总状分枝的树木在生长过程中有些侧枝可能会生长得过分长和粗壮，影响整体树形，这时需用短截加以控制，剪口芽宜留弱芽。有时，由于修剪不当，在侧枝上会产生直立枝，这些直立枝往往长势旺盛，需用修剪抑制其顶端优势，使整体树形保持

协调。

③幼树培育过程中，由于苗尚小，光合作用面积有限，不能过分地修剪，但根据整形要求不需要那么多枝条，这时需用短截修剪将不需要的枝条的顶端优势抑制下去，保留尽可能多的枝叶进行光合作用，集中养分使需要的枝条充分生长。这时的短截，剪口芽留弱芽。这些保留的枝条，生产上称为辅养枝。

④培育球形苗。以生长期摘心为主。

⑤培育特型苗。如用于与假山配植的黑松的培育。黑松原为总状分枝的树种，且生长旺盛，树冠高大，任其自然生长不符合配植要求，其造型以摘心为主。又如盘槐的下垂枝在苗圃培育时以短截整形为主。

二、常见苗木形状修剪

苗圃培育的绿化苗木，培养什么样的树形，必须符合应用的需要，同时要结合其自然树冠形状。绿化苗木的树形常有下列类型：

1. 单轴分枝形

干性强，用于林植的乔木苗可造成单轴分枝形树形。苗木培育过程中要重视主干的顶端优势，养成强壮直立的主干；要确定分枝点，随着苗木的逐步长大，主干下部的侧枝逐年往上删剪，直到达到分枝点高度；要删剪细弱侧枝，保留强壮侧枝，增强树木的层性，两轮侧枝之间的上下间隔 25～30 厘米。

2. 分层开心形

一些观赏小乔木，或是合轴分枝形树木，或是单轴分枝不明显的树木，为了形成较开展的树冠，可用分层开心形树形，如桃树、梅树、樱花、海棠、石榴等。分层开心形苗木培育过程如下（从定干开始为整形的第 1 年，按年叙述）：

第一年休眠期，确定主干高度。当主干粗约 2 厘米后，进行定干，定干高度约 1.5 米。定干后剪去主干上的侧枝。

第二年，春季培育主干延长枝和 1～3 主枝。春季在剪口附近会形成大量的萌枝，选择一个靠近剪口、生长强壮、直立性强的枝条作为主干延长枝；延长枝下方上下间隔 15 厘米左右选留三个侧枝，自下而上作为第一至第三主枝，主枝应伸展角度均匀，与主干成 45°～60°角。其余的萌枝留作辅养枝，长势壮的应留弱剪口芽削弱长势。冬季短截主干延长枝和 1～3 主枝。主干延长枝留 50 厘米短截，剪口芽留于去年的剪口芽对侧。主枝留 40 厘米左右短截，剪口芽留枝条侧面，各主枝的剪口芽方向要协调。删剪当年的辅养枝。

第三、四年，继续培养主干延长枝和主枝，每年各留 2～3 个主枝。注意：短截主干延长枝时剪口芽总是留在去年的剪口芽对侧，主枝上的剪口芽总是留在侧面。应

适当留辅养枝，增加光合作用叶面积（图 2—17）。

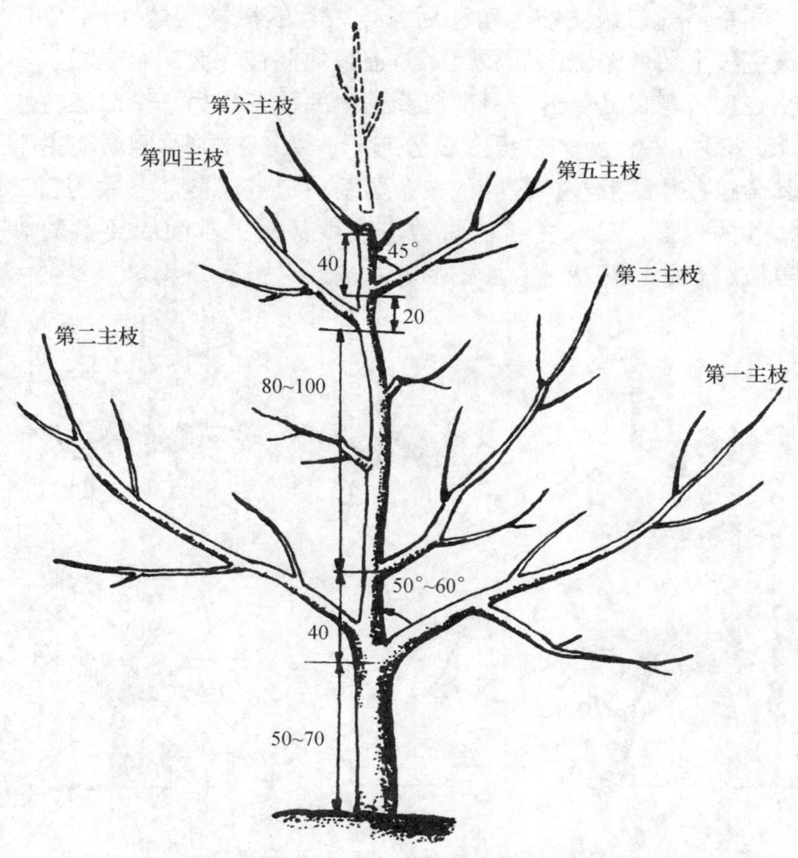

图 2—17　分层开心形整形示意图（单位：厘米）

3. 杯状开心形

培育分层开心形的观赏小乔木也可作杯状开心形整形，作行道树的悬铃木亦可作杯状开心形整形。杯状开心形与分层开心形树形的区别在于后者主干具有延长枝，而前者主干不再延长。下面以桃树为例叙述杯状开心形树形的培育（从定干开始为整形的第一年，按年叙述）：

第一年休眠期，确定主干高度。当主干粗约 2 厘米后，进行定干，定干高度约 1 米左右。定干后剪去主干上的侧枝。

第二年，春季培养一级主枝。萌芽后，当较壮的嫩枝长达 15～20 厘米时，进行定芽。从主干顶端往下，每隔 10～15 厘米共选留三个侧枝作为一级主枝。这三个侧枝的条件是：上下距离合适，伸展方向均匀，与主干的夹角约 60°左右，其余的萌枝作为辅养枝，较强壮的留弱剪口芽短截。冬季短截一级主枝。当落叶进入休眠后，将一级主枝留40～50厘米进行短截，剪口芽留在枝条的侧面。删剪辅养枝。

第三年，春季培养二级主枝。萌芽后，当较壮的嫩枝长达15～20厘米时，进行定芽。在一级主枝上留两个侧向伸展而略向上翘的侧枝作为二级主枝。一般而言，一个二级主枝留在靠近剪口处，通常是剪口芽萌生的枝条，另一个二级主枝与前一个二级主枝相距15～20左右，两个二级主枝分布于一级主枝的两侧。在主干上和一级主枝上形成的其余枝条作辅养枝，较壮的枝条留弱剪口芽短截。冬季短截二级主枝，剪口芽仍留在枝条的侧面。二级主枝的短截应视填补树冠空间的要求酌情决定留枝长度。删剪辅养枝。至此，杯状开心形树形基本成形（图2—18）。

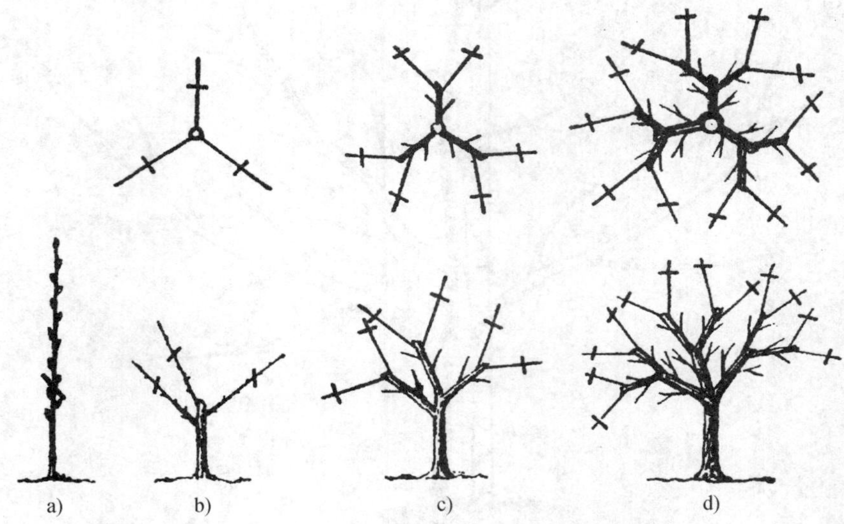

图2—18　杯状开心形整形示意图

a）初年苗木栽植后修剪之状　b）第1年分3叉之状

c）第2年分6叉之状　d）第3年分12叉之状

对于桃树的整形修剪，要注意的是：树冠要圆满，防止留有较大空间阳光直晒主干或大枝，造成日灼伤害，一旦枝干遭日灼，会形成伤流（俗称“流胶”）。休眠期修剪不能太迟，防止树液流动后修剪导致伤流。伤流会流失大量养分，影响桃树的正常生长，也易感染病害。

悬铃木的杯状开心形整形与桃树相似，所不同的是：定干高度为3.5～4米，主枝1米左右短截，二级主枝或三级主枝彼此之间的距离要考虑方便攀爬。

4. 球形

培育球形苗的技术措施比较简单，主要以生长期摘心为主，通过摘心消除枝条的顶端优势，促发侧枝，逐步形成球形的树冠。球形苗一般培育2～3年，树冠直径达30厘米即可出圃，培育时间更长则树冠直径更大，大的球形苗的树冠直径可达1.5

米，则培育时间可能长达5～10年不等，甚至时间更长。

球形苗的培育过程：从繁殖成活的小苗起，在每年的生长期进行反复摘心，自开春第一次萌芽起，当嫩梢长至5～10厘米时留2～3厘米摘除嫩梢。再次萌芽时重复摘心，如此在一个生长期中大约可进行4～5次摘心。经一年内的多次摘心后，苗木的树冠会非常紧密，在休眠期进行一次删剪，使树冠内膛的通风与透光性得到改善，有利苗木的生长。球形苗培育年限不同，树冠直径不同。

实训二十六　乔木苗截干养干训练

一、实训目的

通过乔木苗的截干养干训练，使学生掌握截干养干的方法和操作要领，并切身体会其养干的效果。

二、准备工作

根据教学计划，事先育好用于截干养干训练的去年生苗。需准备的工具主要是剪枝剪，训练前一定要磨好备用。

三、实训方法

宜安排在早春萌芽前进行，截干对象为同期培育的某种园林树木的小苗中的弱苗、不合格苗，生长健壮的苗可以不截干。在训练时应留少部分弱苗作训练评估的对照，也可与未做截干的苗木做对比。

四、实训要求

在安排学生进行乔木苗的截干养干训练时，首先要求学生掌握乔木苗的截干养干的要领及其原理，教师选定当地某种常见园林树木作为练习对象，然后让学生在教师的指导下制订乔木苗的截干养干训练计划，经确认符合生产实际后，让学生按计划进行乔木苗的截干养干练习。在学生做截干养干训练时，教师应在旁指导。通过一个生长期的抚育管理，苗木进入休眠后进行乔木苗的截干养干效果评估。

实训二十七　球形苗整形修剪训练

一、实训目的

通过球形苗的整形修剪训练，使学生掌握以摘心为主的球形树冠整形方法

及操作要领。

二、准备工作

根据教学计划，事先培育好供训练用的合适苗木。修剪工具为剪枝剪和绿篱剪，在训练前应安排学生把剪枝剪和绿篱剪磨好备用。

三、实训方法

球形苗的整形修剪训练宜安排在整个生长期结合生产多次训练，时间跨度较大，一年中根据苗木生长状况，要进行4～5次摘心。

四、实训要求

在安排学生进行球形苗的整形修剪训练时，首先要求学生掌握球形苗的整形修剪要领及其原理，教师选定当地某种常见园林树木作为练习对象，让学生在教师的指导下制订球形苗的整形修剪训练计划，经确认符合生产实际后，由学生按计划进行球形苗的整形修剪练习。在学生做球形苗的整形修剪训练时，可引导学生有意留若干生长势中等的苗作为对照，用以验证自然生长的该苗木会长成什么树冠形状。当苗木生长进入休眠期后，教师应组织学生进行整形效果评估。如果该项目训练的周期为一年，那么可将几届学生所培养的不同树龄的球形苗做时间上的纵向比较，看看每一年该树种的球形苗的树冠直径能扩大多少。

实训二十八　观赏小乔木整形修剪训练

一、实训目的

通过观赏小乔木的整形修剪训练，使学生掌握苗木的整形修剪技术和整形修剪的操作要领。

二、准备工作

根据教学计划，应事先培育好用于整形修剪训练的苗木。用于修剪的工具主要是剪枝剪，学生应事先磨好备用。

三、实训方法

可以让同届学生分为两组，分别进行分层开心形和杯状开心形整形修剪训练。两组学生之间可彼此观摩另一种整形方法。

四、实训要求

在安排学生进行观赏小乔木的整形修剪训练时，首先要求学生掌握分层开

心形和杯状开心形整形修剪的要领及其原理，教师选定当地某种观赏小乔木作为练习对象，然后让学生在教师的指导下制订整形修剪训练计划，并按计划进行整形修剪练习。在学生进行整形修剪训练时，可引导学生有意留若干生长势中等的苗作为对照，不加修剪任其自然生长，用以验证该苗自然生长的与整形修剪的树冠形状的差异。

由于这类整形需要多年才能完成，对一届学生而言，应尽早安排，然后分阶段实施，至少当学生毕业时，训练对象已初具雏形。对训练的评估可以安排在学生毕业前的某个时期。也可将多届学生培育的不同树龄的整形苗做时间上的纵向比较，让学生观察到从整形第一年起的逐年的整形效果。

实训二十九　行道树苗整形修剪训练

一、实训目的

通过行道树苗的整形修剪训练，使学生掌握行道树苗整形修剪的方法和操作要领，建立行道树整形修剪的直观认识。

二、准备工作

根据教学计划，应事先培育好用于整形修剪训练的苗木。用于练习的工具主要是剪枝剪和手锯，学生应事先将剪枝剪磨好备用。如果让学生上树操作，梯子的最上一级横档上要安装有将梯子固定于树干上的安全绳，学生上树操作时要系安全带。

三、实训方法

以杯状开心形整形作为训练内容。

四、实训要求

在安排学生进行行道树苗的整形修剪训练时，首先要求学生掌握杯状开心形整形修剪的要领及其原理，教师选定当地某种常见行道树苗作为练习对象，然后让学生在教师的指导下制订杯状开心形整形修剪训练的计划，并按计划进行杯状开心形整形修剪练习。在学生做整形修剪训练时，可引导学生有意留若干生长势中等的苗作为对照，不加修剪任其自然生长，用以验证该苗自然生长的与经整形修剪的树冠形状的差异，让学生理解为什么要如此整形。

由于行道树苗需经多年才能完成修剪整形，对一届学生而言学习时间太短，应尽早安排，然后分阶段实施，至少当学生毕业时，训练对象已初具雏形，学生对该整形修剪已有了感性认识。也可将多届学生培育的不同树龄的行道树苗做时间上的纵向比较，让学生观察到从整形第一年起的逐年的整形效果。

第四节　园林植物的起掘

起掘操作是园林植物生产的重要技术环节。所谓起掘是将原来种植于圃地上的园林植物掘起，并对根系进行保护的操作过程。它是园林植物移植前或应用于园林绿化前的必要的技术操作过程。起掘质量好坏，对园林植物种植后的成活及恢复生长期长短具有重要意义。本节所讲的园林植物是指木本植物，即通常所说的苗木。

对于在非苗圃种植的园林植物的起掘，如绿地中的树木调整、建设用地上的大树移植等，方法相同，只是树大而起掘的要求多和难度大而已，在此不再单独介绍。

一、起掘苗木及根系保护

起掘是园林绿化工必须掌握的重要操作技能之一。为了保证起掘质量和移植成活，学生必须切实掌握起掘和根系保护的技术。苗木起掘包括以下操作环节。

1. 起掘前的准备工作

起掘工作开始前，就苗圃而言，要准备好起掘工具、草绳等物料，控制好圃地的土壤湿润程度，配合购苗单位做好选苗工作。

(1) 选苗。用于园林绿化的苗木，根据设计意图，对苗木有规格上的要求，如树形、乔木苗的干径（通常以胸径表示，即离地 1.5 米高处的树干直径）、灌木苗的冠径（树冠直径）等。另外，对苗木的生长状况，如根系状况、健壮程度、有无病虫害等也有要求。根据要求，在起掘前要进行选苗，并对选定的苗木进行标记或挂牌，为起掘指示目标。

(2) 断根宿坨。如果要起掘多年不曾移植的较大树木，由于其根系伸展长度已超出泥球范围，应在起掘前进行“断根宿坨”。断根宿坨要于起掘前一年的生长期内，分期在起掘泥球的范围内开沟断根，长江以南地区可在该年的 3 月、6 月和 10 月份分三次完成，每次完成 1/3 圆周。断根范围一般以干径的 3～4 倍作半径，开挖宽 20～50 厘米、深 40～60 厘米（视根系的深浅而定）的圆弧，切断被暴露出来的侧根，切口要光滑，以便愈合促发不定根。在断根的同时，应对树冠进行适度的疏枝、疏叶，以减少水分蒸腾，减轻由于断根对树木生长的不利影响。

(3) 调节圃地水分。如果圃地土壤过于干燥，应提前 3～5 天灌水 1 次，待土壤干湿适宜时进行起掘，既便于起掘，又能保证质量。反之，如果土壤过湿时，应提前

设法排水。

(4) 拢冠。拢冠即捆扎树冠。对于丛生灌木，特别是带刺的灌木，分枝太低会影响起掘操作，为了方便操作，应在起掘前先用草绳将已标记的苗木树冠捆拢。

(5) 准备起掘工具、物料。传统人工起掘苗木的工具，如锄头、起树铲、铁锹、剪枝剪、手锯等应事先准备好。同时应备好草绳、编织袋等泥球包扎材料。

2. 起掘时间

起掘的最佳时期是在树木的休眠期。而当前的绿化工作是全天候进行的，但从尊重客观规律而言，起掘苗木应尽量避开夏季的高温期和冬季的冰冻期。苗木起掘的最适时期为：落叶树一般在秋季落叶后和春季萌芽前，避免在冻土期起掘。常绿树一般在发芽之前的3—4月份、梅雨季（长江中下游流域地区）的6月中旬至7月初或秋季的9—10月份，避免在冬季起掘。

3. 起掘形式

起掘的形式是根据苗木种类、树龄、季节、土质等情况来确定的。大致可分为三种形式：

(1) 裸根起掘法。裸根起掘法是不带泥土而裸露根系起掘苗木的方法。此方法适用于侧根较少的直根性树种的幼苗或小树的起掘，起掘时应尽量保留较多的根系，宜在休眠期进行。起掘后应尽快栽植，以防根系失水。如不能及时种植时，可采用根系醮泥浆，以及用麻片等包裹根系并喷水保持麻片湿润的方法保护根系。

(2) 带宿土起掘法。带宿土起掘法是起掘时，根部自然留存一部分泥土不进行包扎而进行移植的方法。此法适用于大多数灌木和常绿树小苗的近距离移植，起掘时应尽量保留较多的根系，宜在被起掘苗木的移植适期进行。在起掘、运输和种植时应尽量保护好根系所带的土壤（即宿土），确保移植成活。

(3) 带泥球起掘法。带泥球起掘法是在苗木起掘时根系留有一泥球，外部进行包扎的起掘方法。此法适用于大、中型苗木在任何时期的起掘，适于长途运输。在移植适期，以标准规格的泥球即可；在非移植适期，则应将泥球规格适当放大。

4. 泥球规格

泥球规格的确定，需要根据不同树种来确定。一般来讲，泥球越大苗木种植成活率越高，反之则越低。但泥球偏大会给挖掘、运输等操作带来不便。所以要确定合理的泥球规格。根据植物的生长习性和生理特点，一般分四类来进行处理，以下分别介绍。

(1) 大乔木。乔木苗的胸径在10厘米以上时被称作大乔木。这类苗在起掘时的泥球直径以离地40厘米处的主干周长作为泥球的半径，泥球的厚度为直径的2/3至近等，依苗木根系深浅而定。

（2）乔木。乔木苗的直径在3～10厘米之间时被称作乔木，这类苗在起掘时的泥球直径以地面干径的周长作为泥球的半径，泥球的厚度确定与大乔木相同。

（3）灌木。灌木苗起掘时的泥球直径以树冠直径的1/4～1/2作为泥球的半径，如果苗较小时，泥球直径也不能小于20厘米。灌木苗泥球的确定一定要根据品种而定，有些粗放品种泥球可偏小些。

（4）珍贵花木。对于珍贵苗木起掘时的泥球规格可按上述计算口径适当增大，并提高挖掘泥球的质量，确保移植成活。

5. 起掘与包扎

起掘苗木的质量，直接影响到树木栽植成活及其后的生长恢复和观赏效果。在起掘前一定要做好充分准备，掌握操作的步骤，逐步进行。其中，包扎是起掘过程中保证苗木成活的重要措施，尤其是大乔木。一般采用稻草绳包扎，如果树特大，为确保绳不断裂，也可用麻绳包扎。

（1）拢冠与用粗绳固定。拢冠是起掘丛生灌木时，将有碍起掘的开展枝条进行捆扎，是便于操作和预防损伤枝叶的措施。操作方法：将草绳一端固定于苗木的根茎部，拉紧草绳绕树，将草绳以上升螺旋形式绑紧树冠，草绳的另一端在树冠上端打结。而用粗绳固定是在起掘大乔木时为预防在起掘过程中大树倾倒而采取的措施。操作方法：将三股麻绳系在树高2/3处，分别以120°左右的夹角将三股麻绳拉紧固定住，麻绳可临时扎在合适位置的树木的基部（为防勒伤树皮应在麻绳与树干之间做好衬垫），没有合适固定物时可临时在地面打桩固定麻绳。

（2）起掘。所谓起掘是将苗木从圃地上掘起，做好根部保护的操作过程。起掘的步骤可细分为以下几步：

1）确定泥球大小。根据前文所述“泥球规格”的泥球标准，在地面上画出泥球大小。

2）挖掘。在略大于规定的泥球半径外向下挖掘以树干中心为圆心的圆沟，宽为60～80厘米（以能操作为度），深达泥球要求的厚度。在挖掘过程中，不能使泥球碎裂，重点是遇到侧根时不要用锄头将其锄断，因为在锄断侧根时会震松土壤，而是要将暴露出来的侧根用剪枝剪剪掉或用手锯锯掉。

3）修整泥球。当挖至规定深度后，用起树铲将过多的泥土小心地铲削至泥球直径止。修整好的泥球截面略呈上大下小的倒梯形。在修整泥球时，仍需剪或锯掉露出的侧根。

（3）包扎泥球。包扎泥球是用稻草绳将泥球紧密地包扎起来，预防泥球破碎的措施。紧接起掘步骤，本步骤可细分为以下几步：

1）扎腰箍：腰箍是确保泥球不破碎的重要措施。方法是用草绳在离土表15～20厘米处，根据泥球大小，自上而下绕5～10匝左右。在绕草绳时要拉紧草绳，并用石

块边绕边轻拍，使草绳的 1/3 嵌入泥内，确保腰箍不脱落。起始端草绳头压入草绳匝下，结束端草绳头穿入起始端草绳圈内，抽紧起始端草绳头即可将扎腰箍的草绳结束端固定住，这样草绳的两端均不打结。每匝草绳之间要紧密排列不留缝隙。

2）修削表土：腰箍扎好后，要修削根群以上表土，达遇到侧根止，使泥球的外缘高度在腰箍上 2 厘米处，泥球上面呈凸弧形。修削表土的目的是为了减轻泥球重量及便于包扎时草绳贴紧泥球。

3）修削底部：用起树铲修削泥球底部，使泥球底部在腰箍下 3～5 厘米处，底部中央土壤连接部应小于泥球半径的 1/3。

4）包扎：根据泥球大小，可以任选一种形式（五角星形、井字形、网格形）进行包扎。一般规格泥球需要重复扎五道绳，大树需更多道甚至用双层包扎。在包扎时，如腰箍扎得一般，包扎草绳更要拉紧、拍实（具体操作详见“实训三十二　包扎泥球训练”）。

（4）推倒树身。推倒树苗前先切断泥球底部中央的直根。将树苗推倒时，应将苗木的泥球一端朝搬运方向。在将乔木苗推倒时，尤其是大乔木苗，要注意安全，推倒前要发出警示，避免伤及其他作业人员。如果在起掘前用绳固定的，在推倒时要安排 3 名学生分别控制 3 根麻绳，根据苗木推倒的状况，缓缓放长麻绳，避免树苗顷刻倒地时枝条折断，尤其是苗木倒下相反方向的那根麻绳最为受力，要让麻绳至少在固定桩上缠绕 2 匝，利用力学原理，缓缓地松出麻绳拉住树苗不使其倾倒得过快，直到树苗完全放倒为止。

（5）卷干。这是将起掘并已推倒的乔木苗的树干用草绳卷扎起来的过程。其作用是保湿和预防树皮擦伤。一般应从树干基部卷扎至树干分枝点处，每匝草绳之间要排列紧密不留缝隙。

（6）修剪。起掘后的苗木，应做初步修剪。一是将枯枝、病虫危害枝、重叠枝、徒长枝、下垂枝、内向枝等剪除。通过修剪，达到减少水分蒸腾的目的。二是将（有些树种）根茎部的萌蘖剪掉。

6. 搬运

搬运苗木时，应将根部朝前。这样可以避免折断枝条。

（1）装车。带泥球灌木苗或裸根苗、带宿土苗搬上车后将苗平躺着层层叠放。

带泥球大乔木装车时，先将苗逐一依次立于车身前方，当装至车辆核载重量时，将车后挡板翻起扣紧，再从后到前依次将苗的枝梢朝车后放倒搁于车挡板上，最后将苗用麻绳扎紧固定，特别是树冠向外展开的枝条要捆紧，使其不超出车身宽度，盖上雨布。注意：在树干或树枝搁于车挡板处及扎绳处应有衬垫，预防擦伤树皮。

（2）卸车。其方法与装车基本相同，过程相反。但在卸车时更要保护好泥球，不使其破碎，并注意安全。

7. 假植

假植是指树木起掘后，暂不能及时种植而将树木泥球或根部埋入背风高燥处临时挖掘的浅坑（或沟）内，盖土并用稻草等保湿材料覆盖的保护根系的措施。假植时树干做45°倾斜，树梢朝南，这样可以使受光面积最小，减少蒸腾，有利苗木保水。

实训三十 裸根或带宿土起苗训练

一、实训目的

通过裸根或带宿土起苗训练，使学生掌握苗木起掘的方法和操作要领。

二、准备工作

准备锄头、起树铲、剪枝剪等工具。

三、实训方法

1. 操作步骤

（1）扎缚枝叶。作用是避免损伤枝叶和便于操作。

（2）起掘。裸根或带宿土起掘的苗木通常应保留20～30厘米长的根，所以，起掘的位置应在离根茎部30厘米处，挖掘深度根据根系深浅不同而异，通常为25～30厘米。起掘时不应把苗拔起，而应完全是掘起来的。

（3）修根。掘起的苗，过长的根留20～30厘米短截，受损伤的根应将受伤部分剪掉。尽量多保留须根。

2. 训练安排

训练时间可安排在10月下旬至11月中旬或2月中旬至3月上旬。训练对象可选择当地常用灌木类园林树木苗。训练如能结合生产则更好。

四、实训要求

根据训练内容，要求学生首先掌握起掘要领，在教师的指导下制订训练计划，经确认符合生产实际后，在教师的指导下进行起掘训练。起掘完成后教师应组织学生进行评估。所起掘的苗如不出圃，应在评估后立即种植。

实训三十一 裸根苗木醮泥浆训练

一、实训目的

通过裸根苗木醮泥浆训练，使学生掌握醮泥浆这一裸根苗根部保护的传

统方法。

二、准备工作

训练前准备一只大的容器，深至少 30 厘米，口径以方便操作为宜，用于盛泥浆液。事先备好黏土和水，用于和泥浆。

三、实训方法

1. 训练安排

训练时间可安排在 2 月中旬至 3 月上旬，与起掘操作同步。训练对象可选择当地常用深根性乔木的小苗，苗的胸径以 2～3 厘米为宜。

2. 操作步骤

(1) 准备泥浆。选择黏土配制泥浆液，黏土与水的体积比为 1∶2 左右，搅拌均匀后备用。为了确保泥浆浓度符合要求，可用 1～2 厘米粗的木棒做试验来确定泥浆液的浓度是否合适，浓度合适则醮上泥浆后的木棒表面会形成一层"泥壳"，如泥壳不明显说明黏土不够，应再加入黏土。

(2) 起掘与修根。方法和要求与"实训三十　裸根或带宿土起苗训练"的操作步骤 (2)、(3) 相同。

(3) 醮泥浆。将掘起的苗的根部在准备好的泥浆液中浸泡 3～5 秒钟后拿出，搁置于阴凉通风处，经阴干后在根表面形成一层"泥壳"即可。在醮泥浆过程中为防止黏土沉淀，需经常搅拌。根系醮泥浆的作用是保护根系减少根部失水，种植后因"泥壳"紧裹根的表面有利根部吸水，提高移植的成活率。

四、实训要求

根据训练内容，要求学生首先掌握醮泥浆的要领，在教师的指导下制订醮泥浆训练计划，经确认符合生产实际后，在教师的指导下进行醮泥浆训练。醮泥浆训练完成后教师应组织学生进行评估。训练用的苗如不出圃，应在评估后立即种植。

实训三十二　包扎泥球训练

一、实训目的

通过包扎泥球训练，使学生掌握苗木起掘中的重要环节，即包扎泥球的方法和操作要领。

二、准备工作

（1）准备锄头、起树铲、铁锹、剪枝剪、手锯等工具，用于掘土、修剪根系。

（2）准备稻草绳、编织袋等材料，用于包扎泥球、拢树冠、卷干及包装泥球。

三、实训方法

包扎泥球的训练可以实际训练和模拟训练相结合。实际训练受季节限制且成本高，而模拟训练只要制作一批直径50～70厘米左右的模拟泥球即可，能随时训练，且一次制成能长期使用，节省教学开支。实际训练的训练对象可选择胸径5厘米左右的当地常用苗木即可。由于本训练的特殊性，以两人一组分组进行训练，一主一辅相互配合完成，在训练中小组成员应每完成一次训练，调换一次角色。

操作步骤：起掘过程已在前面详细做了介绍，本技能训练的内容是让学生切实掌握五角星形、井字形和网格形三种泥球包扎方法。

1. 共性训练

（1）做草绳团。实际生产中可以拿整个草绳卷进行包扎操作，整个草绳卷使用时，都是从内圈抽头使用，切勿从外圈抽头使用。但为了轻便操作，常将草绳截成一定长度的绳段并绕成团进行包扎。所以要学会做草绳团。草绳团的绕法如下：从整个草绳卷的内圈拉出草绳头，捏住绳头以手掌虎口至肘部绕草绳约5匝左右，取下对折，外部再继续绕上草绳成圆球形以备用。绕成草绳团的草绳长度要依据扎泥球所需长度估算。但草绳团不能做得太大，大了与用整个草绳卷无异。对于包扎较大的泥球，可做好多个草绳卷备用（图2—19）。

图2—19　草绳团制作

（2）接草绳。在实际包扎泥球时常会遇到接绳的情况。如果简单以打结的形式接草绳，则绳结突出且不美观，所以接草绳也是一个技术细节。接草绳的方法如下：将两根草绳的断头，分别拆散成3股，互相插入对方约15厘米，适当进行编绞（似绞发辫状），捏紧，轻拉。使用时一定要紧贴泥球表面，使绳结牢度增加（图2—20）。

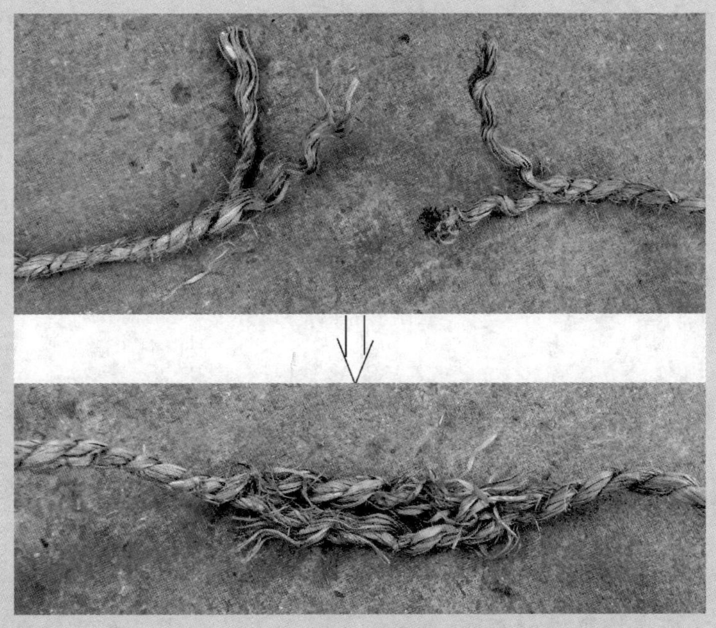

图2—20 接草绳法

（3）固定绳头。扎腰箍的绳头可简单地扎在树干上作为绳头的固定形式，但显得粗糙和不美观，正确的方法是将绳头用草绳自身将其压牢。绳头固定这一操作细节，学生也要掌握。固定绳头的方法如下：

将草绳的绳头在长约60厘米处对折成U字形，作为预留绳头；将U字形绳端与树干平行紧贴于泥球表面；将U字形绳头压住从上往下扎腰箍；扎完最后一道腰箍后将草绳剪断，绳头穿入预留绳孔，拉紧预留绳头即可牢固（图2—21）。

训练时可不考虑泥球大小，一律绕5匝草绳即可。要求做到：腰箍在表土以下开始，做好预留绳头，从上往下一圈一圈绕，做到紧密、排齐。

（4）包扎。接腰箍包扎预留绳头（用草绳断头连接法）开始包扎，如井字

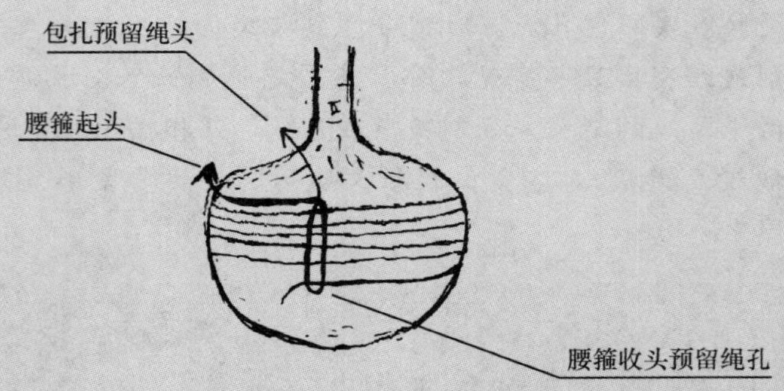

图2—21 腰箍起头结

形、五角星形等；包扎完成时的绳头固定：将最后一道绳收头在土球上部横穿几道紧密牢固的绳中，互相压紧，最后将多余的部分剪断即可。

（5）扎干。扎干的作用已在前面做了介绍，技术要求也较简单，学生一般训练1～2次即可。

2. 包扎训练

（1）五星形包扎

适用范围：常绿树种或落叶树种，干径10厘米以上者。

操作步骤：

第一步：练习时可先在泥球上轻轻画一五角星，便于包扎。

第二步：接腰箍绳头开始，草绳离树干约3厘米处沿着五角星的五个角的连线从上往下到泥球底部绕至隔开一个角翻上，在泥球上面草绳也是隔开一个角绕向泥球底部。草绳5次上下，即在泥球表面扎成一个五角星，这是第一轮五角星。

第三步：第二轮五角星的草绳要紧密地排在第一轮五角星的内侧。一般要扎3～5轮五角星，后一轮草绳均位于前一轮草绳内侧。

第四步：包扎完成后，将绳头留于泥球上面，穿插泥球表面的草绳中拉紧即可，不用打结（图2—22）。

五角星形包扎的质量标准：每一轮草绳均要排列紧密，不留间隙；五角星的形状要正，不能一个角大一个角小；树苗推倒后泥球底部中央不扎草绳部分的半径仅在泥球半径的1/3以内，大则泥球底部泥土会脱落，导致泥球破裂。

（2）井字形包扎

适用范围：常绿树种或落叶树种10厘米以下或以上者。

操作步骤：

图 2—22 五角星形包扎

第一步：接腰箍绳头开始垂直从上往下到底部，斜角翻上，与前一道草绳成垂直相交，上部出现第二道绳。重复上下绕圈，上部出现第三道绳。再重复上下绕圈，上部出现第四道绳，即成“井”字形，完成一道绳的包扎。

第二步：如此重复上下绕圈，“井”字形包扎一般要求 3～5 道绳以上。

第三步：最后将绳头穿插在固定的绳中拉紧即可，不用打结（图 2—23)。

质量标准与五角星形包扎类似。

(3) 网格形包扎

适用范围：常绿树种或落叶树种 10 厘米以上者。常在大树移植中配合五角星形或“井”字形包扎，即在网格形包扎的基础上，再盖上五角星形或井字形包扎，确保包扎不散、泥球不碎。

操作步骤：

第一步：接腰箍绳头开始微斜从上往下至底部左侧翻上在干的右侧，上部出现第二道绳，反复进行微斜上下绕绳到分割完成。接下来再继续同样的上下绕绳，出现第一道交叉现象，反复进行到分割交叉完成，此时即出现第一道绳的网格包形状。

第二步：继续上下绕绳可完成第二道绳。网格包一般需用 3～5 道绳。

第三步：最后将绳头穿插在固定的绳中拉紧即可，不用打结（图 2—24)。

质量标准与五角星形包扎类似。

四、实训要求

本训练内容繁多，但又有连贯性，即可看成是一个训练，也可分为多个训

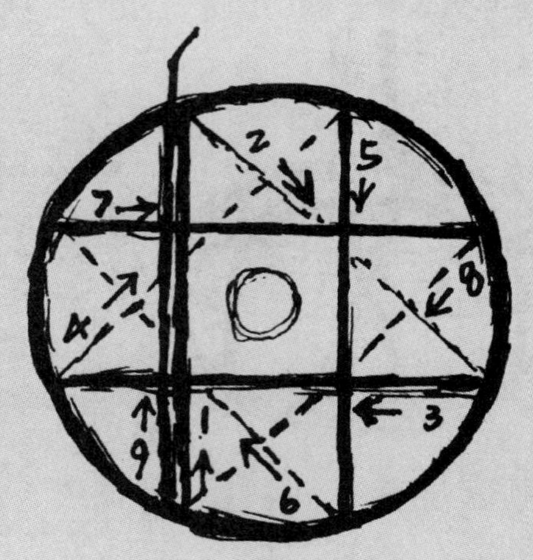

图2—23 井字形包扎

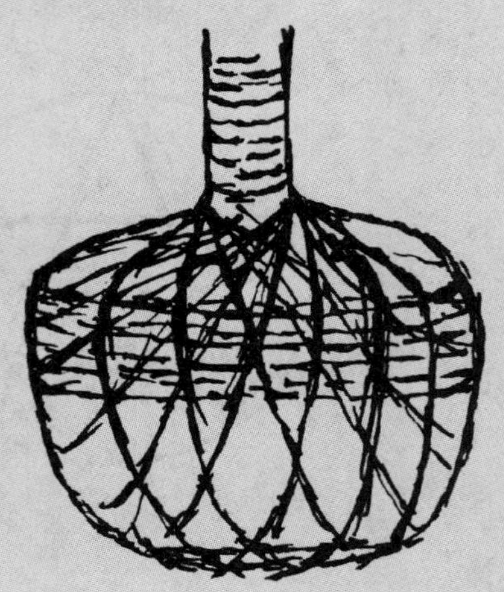

图2—24 网格形包扎

练，在教学中应结合实际进行合理安排。训练时仍需学生切实掌握基本知识，制订训练计划，各项操作中教师要加强指导，完成训练后应组织学生进行训练效果评估。如果是实物训练，训练完成后，应及时将用于训练的苗木重新种植。

二、起掘草皮

起掘是草皮生产的最后一道生产环节，是将在圃地上生产的草皮铲起后出圃的过程。具体流程如下。

1. 工具与材料

(1) 工具。柴刀、起树铲。

(2) 材料。草绳。

2. 步骤

(1) 浇水、修剪。草皮卷出圃前，要提前2天对草皮进行浇水、修剪。浇水是为了使根际土壤有适宜的湿度，便于铲起并使草皮成卷；修剪的留茬高度为4厘米左右最好，以方便运输及铺建后草坪草的恢复。

(2) 起掘。普通草皮出圃时先将整片的草皮用柴刀分割成宽30～40厘米、长1米的长方块，再用起树铲将草皮铲起。草皮所带根际土厚度为1.5～2厘米，而且厚度一定要均匀，不能出现中间厚边缘薄或边缘厚中间空的现象。然后将铲起的草皮块

按 0.5 米的长度泥在外折叠起来，5～7 块草皮叠在一起用草绳扎好。

大规模生产可用起草皮机作业，不仅进度快，而且所起草皮厚度均一，容易铺植，利于草皮的标准化。一般小型起草皮机控制深度在 75 毫米左右，宽度为 30～40 厘米，长度可根据需要切断，一般为 80～100 厘米。

(3) 装运。成捆的草皮可整齐堆叠装车。运输车要带车棚或盖雨布，以防风吹日晒，保持水分。

实训三十三　起掘草皮卷训练

一、实训目的

通过起掘草皮卷训练使学生掌握草皮起掘的方法和操作要领。

二、准备工作

根据教学计划，应事先培育一定面积的草皮用于起掘训练。准备好起掘工具：起树铲、柴刀。前者用于铲起草皮，后者用于切草皮。还要准备一些草绳用于捆扎草皮。

三、实训方法

各地在技能训练中可选用当地常用草坪草种作为训练对象，练习起掘草皮技术。根据起掘草皮的操作步骤进行训练。

四、实训要求

在训练时，可首先由教师确定训练对象（即用何种草坪草作为练习材料），然后安排学生根据所学知识，自行制订技能训练的操作步骤，经确认符合生产实际后，由学生进行实际操作训练。教师对学生的实际操作进行现场指导，完成训练后应组织学生进行训练效果评估。

思考与练习

一、填空

1. 园林植物的繁殖可分为________繁殖和________繁殖。

2. 通常大粒种子用________播，细颗粒种子用________播。而在工厂化花卉生产中多用________播种。

3. 抚育管理的内容包括分栽培大、________、________、________、________、________、________等。

4. 球形苗的培育措施主要以生长期的________为主。

5. 起掘苗木的形式大致可分为________起掘法、________起掘法和________起掘法。

6. 起掘苗木的最佳时间是________________。

7. 泥球包扎方法有________、________、________三种。

二、列举题

1. 列举常用播种方法。
2. 列举常用营养繁殖方法。
3. 列举扦插繁殖的方法。
4. 列举枝接繁殖的方法。
5. 列举芽接繁殖的方法。
6. 写出常用N肥、P肥、K肥、复合肥各两种。
7. 根据修剪强度列举短截和删剪的具体方法。

三、简答题

1. 营养繁殖的最大优点是什么?
2. 画出常规播种繁殖操作流程图。
3. 写出分株繁殖的技术要领。
4. 画出切接繁殖的操作流程图。
5. 写出苗木移植主要的操作步骤。
6. 常用磷肥过磷酸钙常被土壤固定失去肥效，请谈谈应如何合理施用来增加肥效。
7. 按年叙述分层开心形树木的培育方法。
8. 按年叙述悬铃木的杯状开心形培育方法。
9. 简述大乔木断根宿坨的基本方法。
10. 写出包扎泥球的基本步骤及技术要领。
11. 写出苗木起掘的基本步骤及技术要领。
12. 写出苗木假植的基本步骤及技术要领。
13. 写出裸根苗木蘸泥浆的操作步骤及方法。

四、名词解释

1. 扦插繁殖
2. 嫁接繁殖
3. 压条繁殖
4. 分株繁殖
5. 基肥

6. 追肥
7. 复合肥料
8. 间接肥料
9. 顶端优势
10. 摘心
11. 除蘖
12. 剪口芽
13. 芽的异质性
14. 回缩
15. 长放
16. 假植

五、能力拓展题

任意选择一种花卉或乔灌木，并根据需要选择一种繁殖方式进行繁殖、育苗，进行常规的抚育管理，观察其成活及生长状况，记录浇水情况、松土除草情况、施肥情况、温度光照等重要抚育措施，编写育苗、抚育管理日记，反思、总结经验教训，准备今后交流资料。与此同时，去市场购买和了解肥料的种类与特点，并在施用中观察肥效情况。也可自行制作有机肥料，进行配合施用。同学间可进行交流互供。

将前一阶段已栽培的苗木根据不同需要进行摘心、抹芽、删减等必要的管理措施，以使苗木姿态优美、长势良好。在管理日记中详细记录，以便总结经验教训。

将前一阶段已栽培的植物进行交流，包括实物苗木展示评比和日记（制作成PPT）交流及经验介绍三部分。最后进行该项目的评分总结。

第三章　园林植物生产全过程

学习目标

◆能综合运用所学园林植物生产基础知识，在教师指导下完成各类园林植物生产过程，掌握园林植物生产的基本技能

第一节　苗 木 生 产

为了了解苗木生产的全过程，本节编排了球形苗生产、观赏小乔木苗生产、行道树苗生产、藤木苗生产和竹类苗生产等常用典型苗木的生产实例，通过对这些有代表性苗木生产过程的讲解，使学生掌握苗木的培育方法，掌握苗木生产的基本技能。

实训三十四　火棘（球形）苗生产训练

火棘为蔷薇科火棘属常绿小乔木，作灌木栽培，果实红艳，经冬不落，观果价值高。喜光而稍耐阴，适应性强，生长快，萌芽力强，耐修剪。主要用于植物造景、配置模纹图案及做绿篱。通常以球形苗形式培育。

一、繁殖

火棘可以用播种和扦插法繁殖。

1. 播种繁殖

(1) 做繁殖床。繁殖苗床选择在苗圃中地势高燥、排水良好、灌溉方便的区域。要求土壤质地疏松、土层深厚、微酸性的沙质壤土。

1) 耕地：播种前，深翻圃地并清除杂草、石块以及其他杂物，翻耕深度20～30厘米。在翻耕圃地的同时施基肥。

2) 做床：苗床筑成宽1～1.2米、高20～25厘米的高床。长度可根据实际环境，一般以20～30米为宜。苗床上方应备好荫棚架，必要时对幼苗进行遮阳。

(2) 播种。种子通常在11月上中旬成熟。随采随播或普通沙藏至翌春2—3月播种。条播，条距20厘米。播后，覆土轻压。覆土以刚能盖没种子为度，并覆盖稻草等材料保湿。

(3) 抚育管理

1) 出苗前的抚育管理：播种后安排专人经常观察，不能使表土干燥，当土壤干燥时及时浇水，保持土壤湿润；约 3 月下旬后发芽，幼苗出土。当开始出苗后，应分批揭去保湿覆盖物，以利出苗和幼苗茁壮生长。

2) 出苗后的抚育管理

①遮阳：火棘虽是阳性树种，但在幼苗期过强的光照仍对其生长有不良影响，所以，在幼苗期如遇晴朗天气，要进行遮阳。

②浇水：幼苗期根系尚未长成时，要经常观察，一旦浅层土壤干燥要立即浇水，保证幼苗生长有充足的水分供应。夏季高温干旱时做好抗旱浇水工作，夏季浇水宜在早晚进行。入秋后，苗已长大，根系已较深，可减少浇水或不浇水，促进根系成熟，保证安全越冬。

③施肥：当幼苗长出 2 枚真叶后，每周叶面喷施 0.2%尿素 1 次。当苗高 10～15 厘米后，每隔 15 天左右施薄肥 1 次，肥料以腐熟有机肥为主。立秋后，施 1 次过磷酸钙，每亩约 30 千克。

④防涝：在雨季要防止苗床积水，当积水时应及时排水，防止小苗烂根死亡。

⑤除草：杂草生长势旺盛，幼苗很难与之竞争，除草不可或缺。在春季幼苗期，以手工除草为主，避免用工具除草损伤幼苗；当苗长得较高后可用工具除草。操作时要特别注意不能使幼苗根际土壤松动而造成苗的死亡。

2. 扦插繁殖

火棘扦插易成活，30～40 天即可愈合生根。在 2 月上中旬进行早春休眠期硬枝扦插最为适宜。

(1) 做扦插床。扦插床应选择在地势较高、排水良好、水源较近的地方。苗床宽 1 米，长度可根据实际环境，一般以 20～30 米为宜。插床四周用砖叠砌，使高出地面 20～25 厘米，以利排水。床内铺 15～20 厘米厚的基质。基质要求疏松通气、持水性强。基质的选用可根据当地条件，选择微酸性沙壤土、轻壤土、河沙、泥炭等。苗床上方应备好荫棚架，必要时对幼苗进行遮阳。

(2) 插穗选择与处理。选二年生充分木质化的健壮枝条作插穗，插穗长 10 厘米，至少 2～4 节，上端留叶 2 片，下部切口在节下 0.5 厘米处。插穗应随剪随插。如扦插前用 200～300 毫克/升萘乙酸水溶液处理插穗基部 3～5 秒钟，不仅可以提高扦插成活率，而且可以使其提早 7～10 天生根。

(3) 扦插。扦插时，基质应保持湿润。扦插行距 10 厘米，株距 5 厘米。插

前用直径1厘米的竹签或小木棒在基质上先插一孔作引眼，然后将插穗插入，以防插穗直接插入时损伤基部树皮而影响愈合生根。插穗插入深度为插穗长的1/2～2/3。插毕随即按实基质并用细眼喷壶浇1次透水，使插穗基部和基质密接。

（4）抚育管理

1）搭塑料拱棚和遮阳：由于早春空气比较干燥，气温较低，为使插穗周围保持较高湿度，防止雨淋，提高土壤温度，以利于插穗生根，可在扦插床上方搭塑料拱棚。方法是：扦插后，在扦插床上方用竹片或圆钢搭弧形拱棚，棚顶距床面50～60厘米，宽1.1米，覆盖塑料薄膜。塑料拱棚两侧的薄膜铲土压紧，不使漏气，两端可以自由启闭，在晴朗天气的中午前后打开塑料拱棚两端进行通风换气，不使棚内温度过高。同时，应在荫棚架上覆盖遮阳网，防止日照强烈而使拱棚内温度过高，导致插穗过分失水而影响成活。

2）浇水：水分管理是保证扦插成活的关键抚育管理措施之一，为了确保扦插成活，必须保持插床湿润和叶面有较高的空气湿度。架有塑料拱棚的扦插床，由于塑料拱棚营造的局部小环境有较高的空气湿度，可以不经常喷水，只要在苗床土壤表层干燥时灌水即可。如果不架塑料拱棚，侧需经常喷雾增加插穗周围的空气湿度，喷雾可随扦插时间的推移而相应减少。大致可按三个时期来控制：一是愈伤期，即插穗切口正在形成愈伤组织的时期，这一时期大约15天，需水量大，插穗周围的空气湿度应尽量控制在90%以上。二是生根期，即插穗开始生根的时期，喷水应适当减少，防止土壤过湿而烂根或黄叶。如插穗生长正常，供水应减半，日喷雾1次或溜2次小水，保持湿润即可，这段时间约半个月。三是速生期，即根系已发育到一定程度的时期，这时浇水要节制，砂土不见白不喷水，防止根系嫩化。另外，要适当通风，以增强苗的适应环境的能力。如果能紧紧抓住供水这三个阶段，就能获得较高的成活率。

3）除草：由于扦插床具有植物生长的良好温湿度条件，因此杂草生长迅速，要勤除草，保证插穗的生长空间，避免发生与插穗生长不利的竞争。除草的要求与播种苗相同。

二、培育

繁殖成活后的小苗留床越冬，于翌春进行移植。根据所培育的苗的规格大小，定植后的苗需再移植一至数次。移植宜在春季2月下旬至3月上旬进行。

1. 做定植床

小苗换床定植前，要对定植用圃地进行深耕，同时施入腐熟有机肥3～4

千克/平方米，以利陆续供应苗木生长需要的养分。翻耕施肥后，做成宽 1.2 米的高床，长度根据实际条件而定。

2. 起掘方式

为了提高移植苗的成活率，缩短缓苗期，加速苗木生长，移苗时，应尽量少伤根系，带宿土移植。做到随挖随种。

3. 分级

从第二次移植起，栽植前要按苗的树冠直径和质量进行分级，分类栽植，以便分类管理，提高苗木规格整齐度。

4. 种植

(1) 株行距。第一次移植的株距 20 厘米，行距 20 厘米。以后的移植，株行距根据移植的间隔时间、苗的规格、生长的发展空间而定。

(2) 挖种植穴。第一次移植的种植穴深 10 厘米左右，直径 10 厘米。以后的移植，种植穴规格视根系大小而定，一般种植穴直径比根系直径大 20 厘米左右。

(3) 栽种

第一步：将苗放入种植穴内，调整好朝向，扶正。

第二步：回土。先回入部分土，将苗拎起 2～3 厘米，使根系舒展，然后将土全部回入、按实，做好水圈。

第三步：浇水。浇水必须浇透，使土壤与根系密切结合，确保成活。

5. 抚育管理

(1) 浇水。做好栽植初期的浇水，保证苗木成活。当苗恢复生长后，除长时间不下雨，圃地干燥要浇水外，一般可不浇水。

(2) 排涝。如雨季圃地出现积水，则要及时排涝，防止烂根造成死苗。

(3) 施肥。移植的当年，如基肥充足，苗的生长状况良好，可不施肥，如基肥不足，则全年施肥 2～3 次，以有机肥为主。10 月下旬后应停止施肥，防止小苗生长过旺，减弱抗寒性。

(4) 除草。在生长期应及时除掉圃地上的杂草，以免杂草与苗争肥。通常和中耕结合一年除草至少 3～4 次。

(5) 修剪。根据球形苗培育的要求，在第一次移植时对地上部做适当的修剪，以短截为主，留枝长度约 15 厘米，促进侧枝的萌生，逐步育成球形的苗木。

火棘为小乔木，生长速度较快，萌芽力强，根据球形苗的整形要求，育苗

阶段的修剪以生长期摘心为主。从4月中下旬进行第一次摘心起，全年的生长期内应摘心3～4次。当苗的球形树冠达40～50厘米后，因反复摘心而造成的树冠内部通风不良时，需在冬季休眠期进行适度的删剪，删除树冠内部的细弱枝、病虫害枝及过密枝。

三、起掘出圃

1. 苗木规格

火棘球形苗的规格：树冠圆整，比例协调，通常树冠直径（冠幅）与苗高比为1∶1为宜，无病虫害。

2. 起掘出圃

(1) 时间。该苗在宜植地区基本一年四季都可起苗出圃。注意：在夏季起苗出圃特别要重视泥球质量，以及种植后的养护。

(2) 起掘方式。带泥球起掘。

(3) 包扎。冠幅30厘米以下的苗，由于植株较小，包扎一般采用简易的网格形包扎方法，或包塑料薄膜即可。冠幅30厘米以上的苗，采用五角星形或井字形包扎为宜。

3. 装车运输

冠幅30厘米以下的苗，可5株1捆装车，横卧整齐码放，层与层之间根梢换位。冠幅30厘米以上的苗，泥球朝前横卧整齐码放，层与层叠放整齐。装车完成后上盖雨布，防止日晒、风吹造成苗木失水。

实训三十五　花桃（观赏小乔木）苗生产训练

花桃为蔷薇科李属落叶小乔木，为著名春季观花树种，在园林绿化中大量应用。阳性而不耐阴，不耐涝，寿命短。主要用于植物造景。苗木的规格和树形要符合用途的要求。

一、繁殖

生产上，花桃以营养繁殖为主，原因是观赏品种多不结实，且播种苗不能保持品种特性。嫁接繁殖系数高，接穗容易获得，小苗生长快，是花桃生产应用最广的繁殖方法。

1. 嫁接工具

花桃的嫁接繁殖工具主要有剪枝剪、刀具（枝接刀、芽接刀）、扎缚材料（现在扎缚材料多采用聚氯乙烯或聚丙烯薄膜）。

2. 嫁接时间

花桃嫁接时期，枝接在10月下旬至11月中旬和翌年2月至3月中旬进行，芽接在5月至9月上旬进行。

3. 培育砧木

选用桃及同属的杏、李、梅、山桃等作砧木均可。其中，选择杏或山桃作砧木可提高花桃的抗寒能力，选择梅或李作砧木可适当延长花桃的寿命。由于不同的植物果实成熟期不同，当各种植物果熟后及时采收，经堆放后熟，捣烂果肉，洗出果核阴干，湿沙层积储藏[①]，12月至翌年2月间播种。播种苗床要精细整地，做成高床，点播或条播，覆土2～3厘米，上盖稻草作为保湿物。4月间幼苗出土后及时揭草，有3片真叶时，条播繁殖的苗可间苗移植。移植床施足基肥，行距20厘米，株距5～6厘米，移植后浇水，以后每月施1次稀薄腐熟有机肥液，要经常松土除草，加强水肥管理。当年5—6月苗木直径达5～6毫米时，就可用于芽接；到冬季干径达6毫米以上时用于枝接。粗度不足的需再培养1年。

4. 嫁接

(1) 切接。切接成活率高，成苗后小苗生长旺盛。切接时期最好在3月下旬（春分前后），当花桃的芽刚开始萌动时，过早或过晚均不适宜。接穗宜用前一年春季生长的充实枝条，截成6～7厘米长的小段，每段带两个芽（一个芽也可以），基部削成不等楔形，长斜面长2～3厘米左右，短斜面约为0.5～0.8厘米。砧木以用一二年生的苗木为好；切接时，砧木在近地面处选平直处剪断，稍带木质部向下直切，切口的长、宽和接穗的长斜面相对应。将接穗插入切口，并对齐形成层。将砧木切口的皮层包于接穗外面加以绑扎并埋土。土壤水分保持半湿；其时如土太干，可先灌水。这样能促使愈合，提高成活率。切接后，不须涂泥或涂蜡，只要培封较湿润的泥土就可以了。培土一般是盖过接穗约5厘米厚。培土后不要浇水。接后3～4天内不宜淋雨，否则会影响成活。

另外，如欲人为延长春季切接的时间段，可采用“埋条法”。即在芽刚开始萌动时，剪取花桃枝条埋藏于土中，于嫁接时取出枝条制穗。因为土壤温度变化比气温小，故这样做可延长芽的萌动期。

---

① 层积储藏：由于桃、杏、李、梅、山桃等均为大粒种子，干藏易使种子失水而失去发芽能力，故需用洁净的河沙包埋起来贮藏。方法是选一高燥之地，将以上种子以一层种子一层沙的方法掩埋起来，使种子湿润保持发芽能力。

（2）T字形芽接。芽接宜在晴朗无风的天气进行；尤其在接后的3～4天内最好不下雨不刮风。芽片长1.5厘米，宽0.6厘米，呈盾形，不带木质部。取芽时注意要使芽的着生点处带有护芽肉，不要有孔。砧木粗度要大于0.5厘米，在离地面3～5厘米处开T形切口，长宽比接芽稍大一些，切口撬开后插入接芽，注意芽片上端要与砧木横切口紧密相接，然后绑扎。接后1周可检查成活。

5. 抚育管理

（1）切接苗。为了帮助芽的萌发和长出，可在接后1个月左右去封土。去封土要在培土堆的一侧慢慢扒开，小心不要碰动接穗，使接穗略露出一些即可。去封土时，如果见砧木上发出萌蘖或芽子，要及时剥除，以促使接穗生长。在接穗长成新植株的过程中，应立支柱缚稳，防止在刚成活时被风刮断。

（2）芽接苗。一般1个星期左右检查成活。1个月后先解去嫁接部位的扎缚物，以免妨碍插穗生长。在落叶后，即在10—12月份间，应将砧木上部距接芽3厘米以上处全部剪去，以促使接芽在明春加快长成一个新植株而且可以长得正直。芽接未成活的则可改作切接繁殖的砧木。在这以后，一般只需做松土除草、浇灌、施肥等管理工作就可以了。

二、移植

移植花桃的圃地，应选择地势稍高，不易积水之地。一般在春季进行，以叶芽即将萌发时为适宜，深秋亦可。

1. 做移植床

小苗移植前，要对圃地进行深耕，同时施入腐熟有机肥，每亩3～4吨，以利陆续供应苗木生长需要的养分。施肥翻耕后，做成宽1.5～2.0米的高床，长度根据实际环境而确定。

2. 起掘方式

为了提高移植苗的成活率，缩短缓苗期，加速苗木生长，移苗时，应尽量少伤根系，小苗带宿土，大苗带泥球移植。

3. 分级

苗木个体间的生长势差异很大，起掘后要按苗木高度和干粗进行分级，分类种植，以便在养护时分别对待，提高苗木质量。

4. 种植

（1）株行距

1）繁殖成活留床一年的小苗：株距40～50厘米，行距40～50厘米。

2）第二次移植：株距80～100厘米，行距80～100厘米。

（2）挖种植穴

1）繁殖成活留床一年的小苗：种植穴深30厘米左右，直径30厘米左右。

2）第二次移植：种植穴深50厘米左右，直径50厘米左右。

（3）栽种。苗木最好随挖随栽，防止根系受损。

第一步：将苗放入种植穴内，调整树冠朝向，扶正主干。

第二步：回土。先回入部分土，将苗拎起一些，使根系舒展并使深度适宜，然后将土全部回入、按实，做水堰。

第三步：浇水。浇水必须浇透，使土壤与根密切结合，确保成活。

5. 抚育管理

（1）浇水。做好栽植初期的浇水，保证苗木成活。待生长恢复后，只要土壤是湿润的就不用浇水，仅在长时间不下雨，土壤干燥时才需浇水，浇水则一定要浇透。

（2）排涝。如雨季圃地出现积水，则要及时排涝，防止烂根造成死苗。

（3）施肥。每年生长期施肥2～3次，以腐熟有机肥为主，视苗木生长势和苗圃地土壤肥力而定。冬季11月下旬到翌年2月上旬开沟施基肥1次。

（4）松土。在雨后、浇水后或施肥后，如圃地表面板结，需及时松土，保持土壤良好的透气性，使根系能旺盛生长。

（5）除草。在生长期应及时除掉圃地上的杂草，以免杂草与苗争肥。通常可与松土结合进行，一年除草3～5次。

（6）修剪。第一次移植的小苗，在生长期要及时除砧蘖，砧蘖的生长势很强，对接穗的生长影响很大；适当轻截强壮侧枝，抑制侧枝的过度生长，多留辅养枝，促进主干的高和粗的生长。

入冬，桃苗进入休眠后，对主干粗在1.5厘米以上的苗进行整形修剪，对主干未达1.5厘米的弱苗，删除弱枝、短截壮枝后再培育1年。花桃以杯状开心形整形为宜，主干定干高度根据用途不同，在0.5～1.2米高的范围内均可。后几年的培育中，修剪以培养各级主枝为主。

三、起掘出圃

1. 苗木规格

经3～5年培育，主干粗3厘米以上，如为杯状开心形整形，则要具有“三主六枝十二叉”的骨架枝，可以出圃，用于庭园布置。需要培育更大规格的苗木，可继续留床培育。

2. 起掘

(1) 时间。春季萌芽前最适宜。深秋至初冬亦可，但种植后需注意根茎部防冻。

(2) 起掘方式。带泥球起掘。

(3) 包扎。泥球以五角星形包扎为宜。小心地将树冠扎拢，以便搬运。

(4) 装运。搬运时应将泥球朝前，装车时同样如此。搬运时要轻抬轻放，防止土球松散，防止损伤树皮及枝叶，破坏树形。苗木根部装在车厢前面，先装大苗、重苗，大苗间隙填放小规格苗。树干与车厢接触处要衬垫稻草或草包等软材，避免擦伤树皮。长途运输时，为减少风吹日晒而失水，苗上要盖雨布。运输途中，经常检查苗木的温度和湿度，若发现湿度不够，要适当喷水。运到目的地后，及时卸车、种植，如不能立即种植，则应及时假植。

实训三十六　悬铃木（行道树）苗生产训练

悬铃木为悬铃木科悬铃木属落叶乔木。应用较普遍的是二球悬铃木，一球悬铃木和三球悬铃木也有少量应用，前者是后二者的杂交种。悬铃木树冠高大、球形，树皮灰白色，片状剥落。幼枝、幼叶密生黄褐色星状毛。单叶互生，叶片掌状5～7浅裂，掌状叶脉；托叶圆领状；叶柄长，基部鞘状，套于侧芽上。头状花序。秋叶黄色、黄褐色或红褐色。具有强的抗性和适应性，生长速度快，叶大荫浓，枝干光洁，是世界著名行道树树种。

一、繁殖

悬铃木可采用播种和扦插育苗。因播种苗前期长势较弱，以扦插繁殖育苗为主。扦插育苗比较简便易行，成苗率高，苗木生长速度比播种苗快，是生产上普遍采用的育苗方法。

1. 扦插繁殖

(1) 做扦插床。选择疏松、持水性强、通气良好的砂质壤土做扦插床为宜，因为这种土壤有利插穗愈合生根，成活率高。圃地在冬季进行翻耕，深达30～35厘米，同时施足基肥，在扦插前10天左右做床，床高20厘米，宽1.2米，长度视情况而定，苗床做好后，上盖塑料薄膜待用。

(2) 采条及制穗

1) 选择采条母树：采种条要选择生长健壮、抗病虫害能力强的母树。悬铃木的球状果序脱落时绒毛飞散，嫩枝及嫩叶多绒毛，对敏感人群有害，也会污染环境，所以培育行道树苗时，宜选少果单株或少毛单株作为采条母树。

2）采条与制穗：通常利用冬季整形时修剪下来的1年生粗壮萌芽条制插穗，如能用一年生播种苗或萌蘖枝则更为理想。

枝条采集后，剪去枝梢瘦弱及基部过粗的部分，然后用利剪将枝条中段剪成10～15厘米长的插穗，一般以保留2个节间3个芽为原则。

3）储藏：插穗剪好后，按粗细分类，每50根捆成一捆。选择排水良好、背风向阳的高燥地，挖沟深30厘米，将插穗捆竖直排放于沟内，用疏松湿沙土埋藏。储藏期间保持土壤湿润即可。在储藏期间，插穗基部多数可形成愈伤组织，甚至已产生少量的不定根，这就为日后的插穗早日生根打下了基础。

（3）扦插

1）扦插时期：扦插必须在枝条处于休眠状态、芽尚未萌动时进行，以春季2—3月份为宜，各地的物候期不同，时间可有迟早，但最迟不宜超过3月下旬。

2）扦插方法：扦插行距30厘米，株距15厘米，扦插深度为插穗长度的1/2～2/3，插穗插入时以稍斜插为宜，剪口芽统一位于上方，插后按实土壤。如果扦插床土质较黏或插穗在储藏过程中基部已形成愈伤组织或不定根，要开沟埋插。埋好插穗后，覆土一定要按实，埋插的深度以插穗上端之芽露出地面即可。

（4）繁殖期抚育

1）水分管理：扦插后浇1次透水，使插穗与土壤紧密结合，以利插穗基部吸水。以后保持土壤湿润即可。悬铃木的插穗有“假活”的特性，即先发芽后生根的现象。处于假活阶段的插穗由于新根尚未形成，而失水面积增大，会发生水分供不应求的情况，从而导致插穗死亡。为了使插穗能度过假活期，如气温较高、空气干燥时，可用喷雾或遮阳加以防止插穗失水过度，如果幼枝的萎蔫现象难以恢复，则需同时辅以摘叶的措施。

2）除草：苗床上土面裸露，易长杂草，在生长期应勤除杂草。除草时，如果用手拔，要防止插穗基部土壤松动；如果用农具除草，要防止损伤插穗基部树皮。在整个生长期内要进行多次除草。

3）施肥：悬铃木扦插苗的速生期出现在6—9月份。在6月份和8—9月份间有两个生长高峰。在速生期对肥水需求量较大，因此，在5月下旬至6月下旬和8月中旬至9月下旬要及时进行施肥、灌溉，促进小苗生长。10月份起停肥，使枝条木质化，提高苗木的抗寒能力。

4）抹芽：悬铃木的腋芽，在主芽的两侧有副芽，形成不定芽的能力也很强，在生长期，插穗上会产生许多的萌枝，当插穗上的壮枝长至15～20厘米后，应进行抹芽。第一次抹芽时仅选留一个壮枝培育成主干，这个壮枝通常是由插穗的剪口芽发育而成的枝。将其他的萌枝全部除去。在整个生长期中，需抹芽2～3次。抹芽时注意不要损伤被选留的壮枝。

5）中耕松土：中耕松土有利插穗基部及根系呼吸，有利小苗生长。在浇水、施肥或雨后土壤硬结时，均要及时松土。松土时与除草时一样，要防止插穗基部土壤松动及损及树皮。

当年苗高可达1～2米。

2. 播种繁殖

（1）储藏种子。悬铃木小坚果发芽率低，仅为10%～20%，在果实成熟，坚果散落前，将球状果序摊晒后储藏。播种前才敲碎果球，可预防小坚果丧失发芽率。

（2）做播种床。圃地要选土壤肥沃、深厚、排水良好的微酸性或中性沙壤土。切忌选在低洼积水处和风口处。圃地经冬耕施腐熟厩肥，早春做床。做播种床与做扦插床相同。

（3）播种。将带有褐黄色毛的小坚果进行低温层积催芽20～30天后，再在播种前用30～40℃温水浸种2～3小时，即可播种。条播，条距10厘米，时间是2—3月份，覆土1厘米，上盖一层稻草作为保湿物。

（4）繁殖期抚育

1）浇水：播后喷水保持床面湿润。出苗前，经常喷水保持床土潮湿；出苗后，浇水保持苗床土壤潮湿。

2）去除覆盖物：当有少量幼苗出土后，应及时分批揭去保湿覆盖物，保证幼苗茁壮成长。

3）除草：与扦插苗床相同。

4）施肥：当苗高10厘米后，开始追肥，每隔15天追施1次液肥，肥料用有机肥或化肥均可。

5）间苗：幼苗具有4～5片真叶时进行间苗。行距20厘米，株距20厘米，每平方米留苗25～30株。

一年生苗高达1米。培养行道树用苗，一般至少需培养4年。

二、分栽培大

当年成苗生长指标，一级苗1.5米以上，二级苗1.2～1.5米，三级苗0.8～1.2米。对弱苗要进行截干养干，重新培育健壮苗木。

1. 做苗床

圃地宜选择排水良好、质地疏松、深厚肥沃的土壤并进行深耕，翻耕深度以40～50厘米为宜，同时施足基肥。

2. 起苗

悬铃木在分栽时，以带宿土起掘为宜。起掘时应尽量保护好根系和尽可能多带宿土，并做到及时种植，确保移植成活。

3. 种植

按株行距0.75米×1米移植后，培育2年再隔株间取，留床苗再培育1～2年始可出圃，胸径可达5～6厘米。

4. 抚育管理

(1) 剥芽。在苗木扦插当年，随着新芽的萌动、伸展，要及时选择方向正、位置好、生长健壮的一个枝条作为主干培养。其后，随着主干伸长，其下部叶腋会抽出嫩枝，为减少养分消费，保证主干健壮生长，要及时除去侧枝的嫩梢顶芽、留下叶片。像这样的剥芽，在苗木的整个生长期内要进行多次。值得指出的是，剥芽要注意平衡苗木高粗生长的比例关系。尤其要克服当前那种只要苗木长得高，不管苗木粗生长的错误倾向。因为苗木嫩枝消耗养分，老叶才能积累养分，向树干输送，形成粗生长。如果剥芽时将主干下部的叶及腋芽一律除去，势必减少了同化产物的制造量，影响苗木高粗的比例协调。而这种情况，正是目前生产上普遍存在的问题。为克服这一毛病，剥芽时要尽量多保留主干上老叶，最大限度地扩大光合作用面积，积累更多的有机物质，供苗木加粗生长之用。当苗木进入生长旺盛期，主干上还会抽发侧枝，这时对嫩枝进行摘心，抑制它的生长，不断扩大整个树苗的叶面积，以便辅养主干，加速直径生长。

第二年春，苗木顶端嫩枝往往发育不充实，可采用剪去顶梢的短截修剪，剪口留一位于插穗苗生出方向对面发育强健的芽，继续培养主干。对主干上生长较弱的侧枝，在剪口附近的，要除去2～3个，以免与主干竞争。其余侧枝，生长势不强的可保留不剪；过强的，可适当轻截，以辅养主枝健壮生长。在生长期内，同样要注意剥芽，原则是不使主干形成分叉树形。如此反复培养几年，苗木高粗比例适当，外形美观。只是随着苗木的不断生长，分枝高度也要逐步抬高，即每年春季剪去前一年的辅养枝，保留当年的辅养枝。

(2) 定干与留主枝。当苗木高长到4米以上时，即可根据需要在3～4米处截去主干顶梢进行定干。然后在剪口下选留方向适宜、上下间距20～30厘米、长势相近的3个邻近主枝进行短截，掌握强枝轻截、弱枝重截的原则，以平衡三者的长势。这种主枝与主干的夹角通常为60°～70°，比种到道路边后重新培养主枝可提早成形若干年，而且避免了角度过小而致结构不牢的缺陷。这种苗一旦种到街道上，就已初步具备了杯状形骨架，利于早日成形、成荫。

(3) 施肥。在苗木培大期间，在生长期仍应施追肥，施肥期重点放在萌芽期、春季生长旺盛期的4月至6月中旬和秋季生长旺盛期的8月下旬至10月上旬间。肥料以有机液肥为主。

(4) 灌水。在干旱期要及时灌溉，确保水分供应，保证苗木生长有充足的水分。

(5) 除草。圃地杂草生长往往很迅速，杂草会与苗木生长争肥，所以要及时除草，通常以农具除草为宜。在生长期要除草3～4次。

三、起掘出圃

1. 苗木规格

行道树上路标准为胸径6～8厘米，定干高度3.2～3.5厘米。如已育成主枝，其分枝点不低于3米。

2. 起掘

(1) 时间。春季萌芽前最适宜。深秋至初冬亦可，但种植后需做好根茎部防冻。现在常见在不适宜季节起掘的，这样为了确保成活，宜略增大泥球直径和加强种植后的养护管理。

(2) 起掘方式。带泥球起掘。采用井字形或五角星形方法包扎，至少要扎5道草绳。

(3) 装运。苗木包扎妥当应立即运往栽植地点栽植。装车时应把根部即泥球部分放在车厢的前部，树梢部分朝向车厢后方。装车后应盖篷布，若遇天气干旱、长距离运输时，还要适当淋水保持泥球湿润。不能及时运走的要假植。

实训三十七　紫藤（藤木）苗生产训练

紫藤为豆科紫藤属茎缠绕生长的落叶藤木。奇数羽状复叶互生，小叶多为11枚。花期3月份，先花后叶，观花价值较高。主要用于大型花架绿化。苗木生产要符合主要用途。

一、繁殖

紫藤可以用多种方法繁殖，播种、扦插、压条、分株和嫁接均可。由于种

子容易获得、无性状变异之忧，适宜用播种繁殖；扦插繁殖的繁殖系数大、易于操作，采用也较多。所以，可主要考虑用播种和扦插繁殖，或选择其一。

1. 播种繁殖

(1) 做繁殖床。紫藤可在酸性至微碱性土壤上生长，对土壤要求不高，做繁殖床的土壤只要是沙壤土即可。

1) 耕地：选定做繁殖床的土地后，在冬季将土壤翻耕 1 次，翻耕深度 40 厘米。经冬季自然冰冻后待用。

2) 做苗床：于播种前 5～10 天，将已翻耕过的土地的土块敲碎，拣掉石块、树根、杂草及其他杂物，做成宽 1～1.2 米的床面，床高 15 厘米。做好苗床后上盖塑料薄膜待用（用地膜覆盖也可）。

(2) 播种。紫藤种子寿命可延续多年，用普通干藏法储藏即可。在 2 月份播种。

1) 浸种：紫藤种子的种皮较厚，吸水困难，播前需浸种。用 60℃温水浸种，约 1～2 天，见种子膨胀露白后即可用于播种。

2) 下种：紫藤种子较大，可用点播法播种。株距 5 厘米，行距 15 厘米。播种穴深 3 厘米，每穴播 1 粒种子，覆土 3 厘米。播后浇透水后上盖稻草保湿。

(3) 抚育管理

1) 出苗前的抚育管理：播种后经常观察，当土壤表层干燥时及时浇水，保持土壤湿润；约 3 月下旬后发芽，幼苗出土。当开始出苗后，分批揭去覆盖的稻草，以利出苗和幼苗茁壮生长。

2) 出苗后的抚育管理

①施肥：当幼苗长出 2 枚真叶后，开始施肥。在入夏前以施薄肥为主，半月 1 次，肥料以腐熟有机肥为主，也可间隔施 1～2 次无机氮肥。夏季不施肥。8 月下旬后恢复施肥，这时苗已长大，施肥浓度可稍增高些，仍半月 1 次，至 10 月下旬停肥。

②供水：幼苗期根系尚未长成时，要经常观察，一旦浅层土壤干燥后要立即浇水，保证幼苗生长有充足的水分供应。夏季高温干旱时做好抗旱浇水工作，夏季浇水宜在早晚进行。入秋后，苗已长大，根系已较深，可减少浇水或不浇水。

③防涝：在雨季要防止苗床积水，当积水时应及时排涝，防止小苗烂根死亡。

④松土：雨后、浇水后或施肥后浅层土壤如硬结，宜立即松土，保持土壤

有良好的透气性，使根系能旺盛生长。在整个生长期需松土多次。

⑤除草：杂草生长势旺盛，幼苗很难与之竞争，除草不可或缺。在春季幼苗期，以手工除草为主，避免用工具除草损伤幼苗；当苗长得较高后可用工具除草。有时，除草和松土可结合进行。

经一个生长期的生长，苗长达1米以上，冬季留床，翌春移植。

2. 扦插繁殖

紫藤以2月至3月上旬硬枝扦插为宜，冬季落叶后亦可。

(1) 做扦插床。扦插床的做法与播种床相同。

(2) 剪插穗。选去年生健壮无病虫害枝做插穗，插穗取自枝条的中下部(基部不要)，长10厘米左右，上端剪在节上0.5～1厘米处，下端剪在节下1厘米处。

(3) 扦插。株距5厘米，行距15厘米；扦插深度为插穗的1/2～2/3，为防止损伤插穗基部，在扦插时可先用小竹签打洞再插入插穗；插好后浇1次透水。大约到4—5月份插穗基部先后开始生根。

(4) 抚育管理

1) 浇水：在生根前经常观察土壤干湿情况，保持土壤湿润，促进发根。插穗生根后因根系尚未形成，仍需继续保持土壤湿润。

2) 防涝：在雨季要防止苗床积水，当积水时应及时排水。

3) 除草：春季杂草生长迅速，会对插穗生根造成影响，除草非常重要。在插穗生根前，以手工拔草为主，要勤除草，如果等杂草长大后再拔，草根拔起时会造成土壤松动而对插穗造成危害；当新芽长得较高后可用农具除草。

4) 施肥：插穗生根前不施肥，插穗生根后开始施肥。施肥方法与播种苗相同。

经一个生长期的生长，苗高达1米以上。冬季留床，翌春移植。

除春季扦插外，紫藤还可秋季硬枝扦插和嫩枝扦插。秋插由于要插穗越冬，扦插深度可比春插深些，防止冻拔。嫩枝扦插时，插穗需用激素处理，如用100毫克/升的吲哚乙酸处理12小时，否则不易生根。

二、定植

1. 做苗床

做苗床与做繁殖床相同。

2. 起掘、种植

（1）起掘、种植时间。作为落叶树种，最适起掘、种植时间为 2 月中旬至 3 月上旬。深秋进入休眠后也可以起掘、种植。

（2）起掘方式。裸根起掘。由于紫藤是直根性树种，主根发达，侧根稀少，根系不易带土，所以，宜采用裸根起掘，并且在起苗时要多保留侧根和细侧根。

（3）株行距。株距 10 厘米，行距 20 厘米。

（4）挖种植穴。种植穴深 20 厘米左右，直径 30 厘米。

（5）修剪根系

1）修剪主根：为了促进侧根的萌生和增加侧根数，在种植前应修剪主根，修剪后主根留 15 厘米左右。

2）修剪侧根：对过长的侧根也要适当短截，修剪程度以根系能放入种植穴为度，同时要修剪损伤的侧根，减少感染病菌的机会。

（6）种植

第一步：将苗放入种植穴内，扶正主干，使其基部呈竖直状。

第二步：回土。先回入部分土，将苗拎起 2～3 厘米，使根系舒展，然后将土全部回入、按实，做好水堰。

第三步：浇水。浇水必须浇透，使土壤与根密切结合，确保成活。

第四步：截干养干。对部分弱苗，种植后在距地面 10 厘米处截干，促使其在根茎部萌发壮芽，用以取代原比较瘦弱的主干。截干后萌发的新芽往往有多个，在 4 月下旬至 5 月上旬，当嫩枝长至 15～20 厘米时定芽，选留 1 个最壮的嫩枝作为新的主干，其余全部抹掉。经截干后重新长成的主干的生长量当年可超过不截干的苗，至少可以与不截干的壮苗持平。

3. 抚育管理

（1）浇水。视土壤水分情况而定，由于紫藤抗旱性较强，一般不用浇水。要抗旱浇水则一定要浇透，不能仅浇湿表层土壤。

（2）排涝。如雨季圃地出现积水，则要及时排涝，防止烂根造成死苗。

（3）施肥。生长期每月施液肥 1 次，肥料以腐熟有机肥为主。夏季不施肥，8 月中下旬后恢复施肥，至 10 月底停止施肥。

（4）除草。在生长期应及时除掉圃地上的杂草，以免杂草与苗争肥。通常一年除草 3～4 次。一般用农具除草。

（5）整形修剪。移植的当年冬季，将主干留 1 米进行截干，并剪掉所有侧枝。移植的第二年，当春季发芽后，于 4 月下旬至 5 月上旬进行定芽，在主干顶端20厘米范围内留3个生长健壮、分布合适的枝条，其中最顶端的1个枝条作为主干的延长枝，下侧的2个枝条作为侧枝，其他的枝条全部剪掉，培养成为棚架绿化苗的3主枝的基本树形。移植的第二年冬季，将3主枝留80厘米左右截干。

从繁殖开始，经3年培育，即育成绿化用苗可以出圃了。

三、起掘出圃

1. 苗木规格

紫藤作为棚架绿化用苗的规格是：主干约1米长，径不小于1.5厘米；具3个主枝，长约80厘米，径不小于0.8厘米。

2. 起掘出圃

(1) 时间。冬季休眠后至春季萌芽前。但在冰冻期应尽量避免起掘出圃。

(2) 起掘方法。裸根起掘。挖掘时应多保留侧根。

(3) 包扎

第一步：将3主枝用草绳扎拢。

第二步：醮泥浆保护根系不失水。近途运输或从起掘至种植时间在1～2天内，则不需要醮泥浆。

第三步：将苗每5株或10株扎成1捆。

第四步：每捆的根部用稻草或塑料薄膜包裹，用以保湿。

3. 装车运输

将成捆的苗搬上车，层与层之间根梢换位，横卧整齐码放。装车完成后上盖篷布，防止日晒、风吹造成苗木干枯，必要时要淋水增湿。

实训三十八　刚竹（散生型竹）生产训练

刚竹属是散生型竹，是竹类植物中的大属，竹种很多，在长江流域地区园林中广泛栽培。常见竹种有毛竹、早竹、早园竹、白哺鸡竹、花哺鸡竹、乌哺鸡竹、桂竹、罗汉竹、紫竹等，有些竹种还具有很好的观赏品种。现以早竹为例训练散生型竹的生产。

一、繁殖

1. 整地

繁殖生产竹种的圃地，根据竹类生长习性，应该选择土层深厚、疏松肥沃的酸性土壤，圃地应排水良好。圃地整理的步骤有：

(1) 耕地。通过翻耕圃地，使土壤疏松，有利竹鞭和竹根的伸展及竹子的生长。早竹的竹鞭主要分布于30厘米的土层中，翻耕深度应达到40厘米。耕地应在初冬进行，翻耕过的土壤经过冬季的自然冰冻，达到冻死土壤害虫和风化土壤的目的。

(2) 清除杂物。在翻耕圃地的同时，将圃地土壤中的石块、树根、竹鞭及其他杂物等清理掉，有利母竹种植后竹鞭伸展和根系生长。

(3) 施基肥。视土壤肥力情况，决定是否施基肥。如施基肥，基肥以腐熟厩肥为宜，如猪粪，施用量为500千克/百平方米。施基肥可在初春进行。首先把基肥均匀摊撒于地面，然后将基肥翻入土中即可。

(4) 平整土地。上述（1）～（3）步骤完成后，将圃地土壤摊平。至此，整地工作完成。

2. 种植

早竹的笋期在3—4月份，种植繁殖用的种竹宜在2—3月份出笋前进行，即在春季萌芽前进行。

(1) 挖掘母竹。选择3厘米左右粗细的生长健壮、无病虫害的1～2年生竹竿为母竹。先按竹竿最下一盘侧枝生长方向轻挖寻找竹鞭，分清来鞭和去鞭①，来鞭至少留3芽，去鞭至少留5芽，用利锄将竹鞭截断，然后仔细挖出竹鞭和母竹，挖至竹竿自然倒伏为止。母竹应留侧枝5～7盘，砍去竹竿先端多余顶梢。挖掘时谨防损伤鞭芽和根蒂②与竹鞭的连接处。

(2) 搬运母竹。搬运母竹时，如果母竹就来自附近，不用包裹，直接运输。如要经长途运输，则需用稻草或塑料薄膜包裹。运输时应轻搬、轻装、轻卸，谨防损伤鞭芽和根蒂，并多保留宿土。

(3) 种植母竹。早竹为散生型竹，种植时应该为行鞭预留土壤空间。种植母竹的株距约4～5米，行距2米。竹鞭伸展方向与行平行。种植母竹的步骤如下：

第一步：挖掘种植穴，穴深约30厘米，并挖好铺展竹鞭的沟槽。

第二步：将母竹放入种植穴，扶正竹竿至竖直。

第三步；回土，覆土比原来略高5～10厘米，成土丘状。

第四步：支撑，防止竹竿晃动伤及根蒂，如单株母竹支撑，可用“扁担

① 整条竹鞭上以竹竿为界，来鞭是其后侧部分，而去鞭是其先端部分。

② 竹竿基部约10厘米长节密而渐细的部分称为根蒂，与竹鞭相连接处很细小，晃动竹竿易使该连接处损伤甚至折断。

撑”，支撑横杆高度约1.5米；如成片支撑，可用长竹竿在1.5～2米处将母竹彼此串起来成方格状，互相牵制，达到支撑的目的。

第五步：浇水。母竹种好后浇1次透水，使竹鞭与土壤密接，有利成活。

二、抚育管理

1. 护笋养竹

在出笋期禁止进入竹园，防止踩伤嫩笋；出笋末期的竹笋（退笋）常难成竹，应及时挖除，防止徒耗养分。

2. 钩梢

在10月下旬至11月上旬对当年新竹进行钩梢，即将新竹竿的顶梢留8～10盘侧枝用利刀削掉，抑制顶端优势，促进竹鞭生长和来年多发笋，并可减轻和防止风、雪危害。

3. 施肥

母竹种下后的第二年起，每年施基肥2次，一次在出笋初期，另一次在出笋盛期。肥料以有机液肥为宜。肥施于竹鞭伸展处或遍施。

4. 松土

母竹种下后的第二年起，每年当停止出笋后，全面松土1次，有利新鞭的生长。

三、起掘出圃

竹种园建成后，从第三年起即可逐年起掘出圃。

1. 起掘方法

选择3厘米左右粗细的生长健壮、无病虫害的1～2年生竹竿作为出圃种竹。方法详见本训练的“2. 种植”相关内容。

2. 包扎

如近距离运输，种竹带宿土即可，但要防止根系和竹鞭干燥。如要远距离运输，则需用稻草包扎根蒂和竹鞭，避免失水影响成活。

3. 装运

搬运和装卸车均要小心翼翼，不要损伤鞭芽和根蒂。

实训三十九　孝顺竹（丛生型竹）生产训练

孝顺竹属丛生型竹，在园林中广泛应用。本技能训练以孝顺竹为例学习丛生型竹的生产。

一、繁殖

1. 整地

丛生型竹生长的土壤情况与散生型竹相同，整地方法也相同。

2. 种植

孝顺竹的笋期在7—9月份，种植繁殖用的种竹宜在3—4月份进行。

(1) 挖掘母竹。孝顺竹无明显竹鞭，笋芽生长在每根竹竿基部两侧。挖掘母竹时应注意保护秆基和根系。一年生竹竿与2～3年生竹竿垂直相连。挖掘时先在选定的母竹外围距离17～20厘米处挖，并按新老竹相连的规律，找出其秆基与竹丛相连处，用利刀或利锄靠竹丛方面切断，挖掘时要保护母竹竿基部两侧的笋芽，挖至自倒为止。母竹倒下后，留3～5盘侧枝，包扎或湿润根部。运输时要防止损伤笋芽。

(2) 搬运母竹。搬运母竹时，如果母竹来自附近，不用包裹，带宿土即可。如果母竹远距离长时间运输，则需进行包裹。运输时应轻搬、轻装、轻卸，谨防损伤笋芽和根蒂。

(3) 种植母竹。由于孝顺竹为丛生型竹，无须考虑竹鞭伸展的土壤空间，只要确定株行距即可。株行距为1.5～2米×1.5～2米。种植步骤如下：

第一步：挖掘种植穴，穴深约40厘米。

第二步：将母竹放入种植穴，保持竹竿竖直。

第三步：回土，覆土比原来略高5～10厘米，成土丘状。

第四步：支撑，防止竹竿晃动伤及根蒂，用“扁担撑”方式支撑，横杆高度约1.5米。

第五步：浇水。第一次浇水一定要浇透。

3. 抚育管理

(1) 扒晒。扒土是让竹蔸上的笋芽露出土面，直接晒阳光，起刺激和促进笋萌发的作用。一般在3月中旬至4月上旬进行。

(2) 砍梢。在10月下旬至11月上旬对新竹留侧枝5～7盘进行砍梢，抑制顶端优势，促进竹竿成熟和节约养分从而来年多发笋。

(3) 施肥。母竹种下后的第二年起，每年施基肥2次，一次在出笋初期，另一次在出笋盛期。肥料以有机液肥为宜。肥料开沟施于竹竿（竹丛）外20～40厘米处。

(4) 松土除草。在生长期，要经常进行除草，避免杂草与竹争肥。母竹种下后的第二年起，当停止出笋后，要在竹丛周围进行中耕松土1次，有利新根

的生长。

二、起掘出圃

竹种园建成后，从第三年起即可逐年起掘1～2年生竹作为种竹出圃。

1. 起掘方法

起掘方法详见本训练的“2. 种植”相关内容。

2. 包扎

如果近距离运输，种竹带宿土即可，但要防止根系和秆基干燥。如果远距离运输，则需用稻草包扎根蔸，避免失水影响成活。

3. 装运

搬运和装卸车时要保护好竹蔸，不要损伤笋芽和根蒂。

第二节　花 卉 生 产

为了了解花卉生产的整个过程，本节编排了宿根花卉生产、一年生花卉生产、二年生花卉生产、水生花卉生产、根状茎花卉的根状茎生产和鳞茎花卉的鳞茎生产等常用典型花卉的生产实例，通过对这些有代表性花卉生产过程的讲解，使学生掌握花卉的培育方法，掌握花卉生产的基本技能。

实训四十　菊花生产训练

菊花为菊科菊属宿根花卉。株高0.2～2米，单叶互生。头状花序顶生或腋生，径为2～30厘米。喜凉，较耐寒，生长适温18～21℃，最高32℃，最低10℃，地下茎能耐－10℃低温，开花期温度13～17℃。喜光也稍耐阴。较耐旱，忌积涝。菊花是著名花卉，多本菊在绿化中应用比较普遍，本训练以此作为训练内容。

一、繁殖

1. 保存种源

菊花作为宿根花卉，品种极其繁多，生产上不用播种法繁殖小苗，而主要用扦插法繁殖小苗。繁殖用的种源为冬季宿存的地下部分，即菊花的根茎。

（1）标记品种。不论花期迟早，在开花期，根据第二年的生产量，以1：20的比例标记一定数量的同品种植株作为第二年生产的采穗母本。

（2）留种栽植。被标记的植株，在南方，如果是盆栽的，需脱盆地栽于高燥处培育，剪去残花，每周施浓肥1次，保持土壤湿润，直至秋后地上部分枯死止。注意：栽植时应东西纵向排列，可充分接受光照。在北方，作种源的植株宜盆栽，方便室内越冬。

（3）准备越冬。地上部分枝叶枯死后，冬季气温在0℃左右的地区，降霜前在植株上面覆盖稻草、落叶及草席等，保护休眠芽不被冻伤。冬季气温在—5℃左右的地区，冻土前在植株上覆土10～15厘米，将休眠芽埋入土中保护越冬；在冬季风大湿度低、气温低的地区则可做风障加以保护；也可将留种植株盆栽移入冷室中保护越冬。越冬期间，如土壤过干要浇水。

（4）初春养护。开春气温回升至5℃后，根茎部逐渐形成大量萌蘖，这时要逐步除去保温覆盖物，渐渐扒掉覆盖的土壤，让萌蘖见光生长。当萌蘖开始生长后，每周施追肥1次，适当灌水，使长成健壮枝条。如移入室内越冬的，同期也要将它们移至室外进行养护，培育健壮萌蘖。

2. 准备繁殖基质和器具

（1）配制扦插基质。菊花的根系生长要求有充足的空气，所以扦插基质一定要疏松透气，可以用蛭石、膨胀珍珠岩、砂、砻糠灰、腐叶土、园土等单独使用或以一定的比例配制使用。单独使用蛭石、膨胀珍珠岩、砂、砻糠灰等材料做扦插基质，具有透气性好的优点，但成苗后由于根系生长较嫩，移入土壤栽培时根的损伤比较大，缓苗期长并有一定的死亡率。常规扦插以上述材料配制成的混合基质比较理想。建议采用园土5份，腐叶土2份，砻糠灰（或蛭石、膨胀珍珠岩、砂）3份的配方，这样配制的基质，既有良好的透气性，又能克服单独使用人造基质的缺点。要特别说明的是，采用全光喷雾扦插时，为了保证基质的透气性，以单纯使用蛭石或膨胀珍珠岩为宜。

（2）做扦插床和准备穴盘

1）做扦插床，用于常规扦插的扦插床，以配制的混合基质为宜，混合基质综合了土壤和人造基质的优点，插穗生根移植后缓苗期短，成活率高。在繁殖前，将准备好的扦插基质摊放于专用的繁殖床上，摊平后镇实备用，厚度约15厘米。扦插床可直接做于高燥的地面，也可做于专供繁殖用的用建筑材料砌成的繁殖床上。扦插床上方及四周搭好荫棚备用。

用于全光喷雾扦插的扦插床，以蛭石或膨胀珍珠岩单独使用为宜，在基质持水达饱和时也不至根系缺氧。扦插床要求架空，床底用滤水材料铺成。基质厚度仍为15厘米。离床面50厘米高处安装喷雾设备备用。

2）准备穴盘：根据扦插期养护的不同，采用不同的基质。常规养护的用混合基质，全光喷雾扦插的用单一人造基质。在扦插前，选用规格为72目的穴盘，将准备好的扦插基质放入穴盘的穴内，基质镇实后上沿留1厘米空间备用。

3. 扦插繁殖

4月中旬至5月上旬为菊花扦插适期，早菊可提前至4月初扦插。在20～35℃和湿润的环境条件下，30天左右可生根。

（1）取插穗。在去年留种的母本上选择生长健壮、无病虫害的萌蘖枝作插穗，剪成10厘米左右长的枝条作插穗，下端剪口一定要在节下，剪掉插穗下部叶片，保留先端2枚叶片。枝条顶端太嫩，在剪插穗时舍去。为防止插穗失水，宜随剪随插。

（2）扦插。由于插穗含水量高，缺乏机械组织，比较柔嫩，直接扦插会挫伤插穗，扦插时要先在繁殖基质中用竹签打孔，然后将插穗插入小孔中，再轻轻压实。扦插深度为插穗长的1/3～1/2；株距10厘米，行距15厘米。用穴盘扦插时每穴1穗。晴天扦插成活率高，连日阴雨时扦插则插穗容易腐烂，影响成活。

（3）浇水。扦插好后用细眼喷壶浇1次透水；在扦插初期的1周内水要浇透；1周后，每天傍晚浇水1次；发根后，可减少浇水，经常保持基质湿润即可，一般每隔1天浇1次水，但在天气特别干旱时仍需每天浇水。除保持基质潮湿外，白天特别是中午前后要叶面喷雾。如果采用全光喷雾扦插，则插上插穗后立即开动喷雾装置，以后每天坚持喷雾，直到生根。如果在露地扦插，小雨天气暂停喷雾，大雨天气则要遮雨，预防雨滴冲倒插穗，叶片粘上大量基质颗粒而导致腐烂，另要防止因涝而致插穗腐烂。

（4）遮阳。由于扦插期气温较高，光照较强，采用常规扦插时，在插穗尚未生根时需要用50％遮光率的遮光网遮阳，避免光照过强而造成插穗失水死亡，约1个月插穗基部生根后，逐步撤除遮光网。扦插初期，一般在早晨日出时盖好遮光网，傍晚日落时揭去遮光网，这样早盖晚揭可让露水滋润插穗；10天左右以后，插穗基部开始形成愈伤组织，早晚可受1～2小时的斜阳，从上午8时至下午5时这段时间仍须遮阳；约20天左右以后开始发新根，除上午10时至下午3时需遮阳外，其余时间不必遮阳。全光喷雾扦插则不需要遮阳。

用穴盘扦插的，依据是常规养护还是全光喷雾扦插，选择是否采取遮阳措施。

菊花在种源较少时也可叶插，叶插须选生长健壮、充分成熟的叶片，保留叶柄，以便插入扦插基质中。叶片背面的叶脉用小刀切断，平铺于基质表面并固定叶片使其与基质紧密接触，经常喷雾保持基质湿润，以便叶脉切断处形成愈伤组织。产生愈伤组织约 10 天左右，逐渐分化出根和地上部分。采用叶插，一枚菊花叶可产生数株小苗，繁殖系数大，但养护难度也较大。当幼芽形成 2～3 枚叶片时，已很拥挤，应立即进行定植。

二、抚育

1. 准备盆栽基质

菊花盆栽基质要求疏松透气、排水良好、富含腐殖质。栽培基质的参考配方为园土 50%，腐叶土 20%，厩肥土 20%，草木灰 10%，再加入适量的饼肥、骨粉或过磷酸钙，于冬闲时堆成半球形，在顶端中央作凹陷状，以便每隔 10 天灌注人粪尿，通常灌注 2～3 次即可。堆好后覆盖一层田泥或山泥，用塑料薄膜封严实，使其充分发酵，当完全发酵腐熟后，于翌年 5 月菊花苗上盆前，将土堆扒开摊晒，基本干燥后，敲碎，拌匀备用。

2. 上盆

5 月下旬至 6 月上旬上盆。用 15 厘米（5 寸）花盆培育，每盆种 1 株。

（1）起苗。提早 1～2 天控制苗床或穴盘基质的湿度，不要太干或太湿。在扦插床上起苗时，一手捏住菊苗的茎，另一手用竹签将小苗挖起，小苗的根系要多保留基质；在穴盘里起苗，则用竹签连基质轻轻撬出即可。

（2）栽植。上盆时，先在盆中放入部分栽培基质至盆深的 1/3 左右，然后将菊苗放入盆中央，一手将苗扶正，另一手加入部分栽培基质将菊苗固定，轻提菊苗至合适的高度，并使根系舒展，添加基质后用双手的拇指和食指将基质轻轻地按实，再加入栽培基质，轻轻摇动花盆，使盆内的基质平整。基质不能装满，盆口要留出 2～3 厘米作为浇水的空间。

（3）摆放。将盆花按方便养护操作的原则摆放整齐。最初 3～5 天要遮阳。

（4）浇水。栽植摆放完数百盆后，为避免新上盆的花苗失水，应及时浇水，待该批盆花浇水完成后再重新开始新的上盆。浇水时沿盆边小心浇水至盆口，让水自然下渗，过多的水从盆底流出即表明水已浇透。

上述上盆的各个环节，在生产上往往是分别有专人负责，采取流水作业。学生在训练时，也可采用流水作业的形式进行，并做定时轮换，这样既可达到

生产目的，又可让每位学生对上盆的每个环节都得到练习。

3. 水肥管理

(1) 浇水。浇菊花的水质，选用雨水、河水或池水为好。水温宜接近于土壤的温度，平时如发现盆土发白，应及时浇水。

盆菊上盆的初期，即5—6月份，由于苗尚幼小，且气温不是很高，水分消耗不大，一般每隔1～2天浇水1次，特别是在摘心后的浇水量更应减少，重新发芽后，再逐步增加浇水量。

7—8月间，菊花进入中苗阶段，这时，天气炎热，阳光直射，日照长，需要较多的水分，宜在每天傍晚或早晨浇水1次或各浇1次，水量要浇足。阴天或雨天，可以少浇或不浇。如果连续下雨，盆内有积水时，应及时排除盆内积水，待盆土干燥后，再浇足水分。

8月下旬至10月上旬，为菊花生长旺盛期，天气虽逐渐转凉，但植株高大，根系发达，每天傍晚仍需浇水1次。

10月中旬至11月中下旬，正是不同品种菊花的花芽发育和开花期，气温已逐渐降低，每天或隔天在上午或下午浇水1次，水量相应地减少。

12月以后，冬季水温低，宜中午时浇水，越冬的菊花每隔3～4天浇水1次即够。

(2) 施肥。菊花喜肥，施肥的次数和用量应视菊花的生长情况而定，坚持薄肥勤施的原则。上盆后的小苗期，施肥量应少，每两周施薄肥1次，如用人粪尿，浓度在10%～15%之间。菊花生长旺盛期，需肥量大，每隔3～4天即要施肥1次，人粪尿浓度增至20%或以人粪尿和饼肥液交替使用。菊花最后一次摘心（立秋前后）约半个月后，逐步形成花蕾，在这期间，可暂时停用氮肥，而改用0.1%的磷酸二氢钾进行根外追肥，每周1次，连续3次。根外追肥宜在早晨或傍晚喷施，喷施时要对叶的正反面喷透喷匀。待花蕾形成后，继续用粪肥、饼肥为主，浓度为30%左右，每3天施1次肥，直至开花为止。

菊花叶片卷边下垂肥厚，色泽浓绿，表明氮肥过多，应暂停施氮肥或少施氮肥；叶色黄绿、叶形瘦小是缺氮的表现，应多施氮肥。

除施用液肥外，也可用饼肥、复合肥（干肥）作追肥。施干肥前先进行松土，然后把干肥撒下，随后再覆盖基质。施干肥时如有沾污叶面，应及时用水冲洗，以免引起叶面灼伤。

4. 整形

(1) 摘心与留枝。摘心与留枝是菊花栽培过程中一项主要的技术工作。摘

心就是摘除主枝或侧枝的顶梢。第一，摘心能促进萌生侧枝，达到预定的开花数；第二，摘心能控制植株高度，不致发生徒长；第三，摘心能控制花期。摘心方法应根据菊花栽培的形式、对植株大小的要求而定。一般进行三次摘心。

1）摘心

①第一次摘心：在定植后的半个月内，约6月中下旬，菊苗高达15～20厘米，大约有6～7枚叶片时进行，方法是留基部3～4枚叶片，将先端全部剪掉。

②第二次摘心：第一次摘心后约过三四周后进行，从第一次摘心留下的叶腋萌发的侧枝，除留下基部的2～3枚叶外同样将先端全部摘除。

③第三次摘心：第二次摘心后再过三四周，一般于8月上旬，立秋前后三四天内进行最后一次摘心。同样在侧枝上留基部2～3枚叶，摘除先端。这次摘心，俗称“定头”，必须严格掌握时间，不得提前或延迟。过早易使侧枝生长过长，花朵偏小；过晚会推迟开花，影响观赏效果。一般完成摘心至开花约80～85天。

有的生长缓慢的品种，摘心2次即可，要求定头时间比一般品种略早1周左右。

2）留枝：艺菊的多本菊定头后一般留3～7个枝条，留枝的原则是留强去弱，把弱小、多余的枝条抹掉，所留枝条高度基本一致，达到全盆开花丰满的目的。作为批量生产的商品多本菊，留枝数要统一，一般以5枝为宜。

(2) 抹芽与除蕾。在完成三次摘心后再抽生的新芽，已不再需要，长出来后要及时抹掉。另外，菊花的顶芽和腋芽均能形成花芽，根据观赏要求，只留顶芽开花，腋生花芽长至能摘除时立即摘除，以免徒耗养分。除蕾时间一般在10月上中旬，由于腋芽分化的花芽萌动有迟早，所以除蕾要随见随除。

(3) 矮化处理

1）生长调节剂处理：矮壮素（CCC）、多效唑（PP333）和B9等植物生长调节剂，对用药浓度的控制要求不很高，使用的安全性强，具有明显的控制菊花植株高度的作用。例如，用2000倍的矮壮素（CCC）叶面喷施5～6次能有效控制菊花高的生长。第一次喷药在上盆1周后进行，以后每10～15天喷1次，直到现蕾为止。如两次喷药之间的间隔时间过长，矮化作用会减弱，达不到预期效果。喷药应在日落后进行，主要喷在叶背，遇雨要补喷。

用2 000倍的矮壮素（CCC）灌根，也可达到抑制植株长高的效果。

2）针刺法调整花枝高度：为了使菊花开花高度一致，可以在盆栽菊花现蕾之前，用针刺法控制和调整枝条的高度，使同一花盆中的所有枝条一般高。

具体的方法是：在生长较旺盛的枝条（也就是较高的枝条）离枝顶2～3叶距离的节间处，用针在四周扎几针，由于扎伤处需要一段时间愈合，会出现短期生长停顿，而其他较矮枝条的生长没有停滞下来，最终使全部枝条高度大致相近。

（4）支撑

1）立支杆：菊花的枝条成熟时仅半木质化，开花后由于花序较大而重，枝条会无法承受而导致折断或倒伏，为了使枝条挺立，需要立支杆。立支杆在留枝以后的10月初进行，通常将1厘米左右直径的小竹竿或塑料杆插入盆内作支杆用，深度要适当。由于每一盆菊花的枝条分布是不均匀的，支杆不一定插在盆中央，而是以能把盆中所有枝条牵引均匀为合理位置。然后把每一个枝条用棕丝或塑料绳扎在支杆上，在扎的时候要将每个枝条的距离、角度调整好，使枝条分布均匀。有些菊花的枝条严重偏于一侧，可用2～3根支杆。为了不影响观赏效果，支杆的高度要控制在开花后的花序下面为宜。

2）支花托：即使菊花的枝条被支撑住后不会倒卧，但其花序盛开后自重较大，仍会下垂，尤其是淋雨后。为使菊花有朝上的优美姿态，要在花序下方做好花托。花托用16号铁丝盘曲而成，稍成漏斗状托住花序，一端固定在支杆上。

三、出圃规格与标准

1. 整体效果

枝条粗壮高度一致，叶片肥大色泽浓绿，基叶完好盖满盆面。

2. 品种特性一致

花期、花序大小一致，表现出固有的品种特性。

实训四十一　一串红生产训练

一串红为唇形科鼠尾草属多年生花卉，通常做一年生栽培。株高15～80厘米，茎四棱，叶对生。轮伞花序顶生，小花密集，花红色、白色、紫色等。花期7—11月份。喜光而不耐阴；喜温暖而忌霜害，高温期开花质量较差，着花量少。矮秆品种高约15～20厘米，高秆品种高可达80厘米，前者大量用于花坛，后者更适合配植花境及大口径容器栽植作布置环境用。

一、繁殖

1. 储藏种子

一串红的高秆传统品种变异小，一般自行留种。由于一串红花期长，植株可陆续开花，应选择9—10月份所开的花作为采集目标，因为该时期开的花，由于气温适宜，植物生长良好，种子质量好。一串红花谢后花萼宿存，应仔细观察种子成熟情况，当果皮由黄绿色转浅褐色时，剪取整个花序晾干脱粒，清除花梗、花萼、果皮等杂质。种子充分干燥后，放入纸袋、玻璃瓶等容器内，密封干燥储藏。

矮秆品种一般采用商品种子，如不立即播种，则储藏种子的方法同上。

2. 准备繁殖基质和器具

(1) 配制繁殖基质。播种基质要求疏松，一般以园土、草炭土、河沙按5∶3∶2的比例混合配制。

扦插基质要求透气性好，常采用蛭石、膨胀珍珠岩做基质，也可与腐叶土配制而成。

(2) 做繁殖床或准备穴盘

1) 准备繁殖床：一串红播种和扦插的繁殖床相同，只是繁殖基质如前所述有所不同。在繁殖前，将准备好的繁殖基质摊放于专用的繁殖床上，摊平后镇实备用，厚度约15厘米。繁殖床可直接做于高燥的地面，也可做于专供繁殖用的用建筑材料砌成的繁殖床上。

2) 准备育苗穴盘：具有一定规模的生产基地，多用穴盘播种繁殖小苗。在播种前，选用规格为128目的穴盘，将准备好的播种基质放入穴盘内，基质镇实后上沿留1厘米空间备用。也可用穴盘扦插。

3. 繁殖

(1) 播种

1) 播种床播种：一串红在春季3—5月份均可播种，发芽适温20～25℃。播种时，将种子均匀撒播于播种床上，播种量为600～700粒/平方米，用细沙或播种基质覆盖，覆盖厚度是种子的1～2倍，上盖稻草等保湿覆盖物，保持湿润，约10～15天即可发芽出苗。当幼苗开始出土时及时揭掉稻草。如播种前进行浸种，可提前发芽，方法是将种子在清水中先浸泡一天让种子充分吸水，然后将种子捞出放置容器中，上盖湿布，每天用清水喷洒数次，保持布和种子湿润。待有萌动迹象时再行播种。

2) 穴盘播种：现代大规模生产，多用穴盘播种育苗。如能控制温度，可在更早的时间进行播种，实现在4月下旬出花、供花的目的。播种时将种子播于穴盘的穴内，每穴1粒种子，播上种子后覆盖基质至接近穴口平。然后将穴

盘置于保护地设施内，控制温度和湿度，可达到出苗齐、幼苗壮的目的。在常规季节播种，穴盘置于露地也可以，但更要注意保湿。

（2）扦插繁殖。一串红用扦插法繁殖在生产中也较普遍，特别是由于商品种子比较昂贵，通过扦插繁殖可以降低生产成本。扦插一般结合摘心进行。4月下旬出圃的可在2月份扦插，而9月下旬出圃的可在7—8月间扦插。温度适宜时，10天即可发根，20天后根系已比较发达。

1）取插穗：插穗选自从植株根茎部萌发的茎粗壮、叶厚实、没有病虫害的枝条，剪成长5～10厘米的枝段，剪掉幼花序，留先端3～4枚叶，摘去基部老叶，下端剪口在节下。由于是草本植物，为防止插穗失水，宜随剪随插。

2）扦插：由于插穗含水量高，缺乏机械组织，比较柔嫩，直接扦插会损伤插穗，扦插时要先在扦插基质中用竹签打孔，然后将插穗插入小孔中，再轻轻压实。扦插深度为插穗的1/3～1/2；株距5厘米，行距10厘米。

3）繁殖期抚育

①浇水：扦插好后浇1次透水，以后每天保持基质湿润，并经常向叶面喷雾，确保插穗不失水。

②遮阳：如果扦插期气温高，光照强，在插穗生根前需要用50%遮光率的遮光网遮阳，避免光照过强而造成插穗失水死亡，约经15天，待插穗基部开始生根后，逐步撤去遮光网。

③施肥：扦插苗生根后追施氮肥1次。

二、抚育

1. 盆栽基质

一串红栽培基质要求疏松、肥沃、持水性好，一般用园土、腐叶土、堆肥按7∶2∶1的比例混合配制。

2. 上盆

当一串红幼苗长至6～7枚叶时，或扦插苗根系长成后就可移栽上盆。用10厘米（3寸）口径盆具培育，单株成苗。应盆小，排水孔可不垫瓦片。

（1）起苗。提早1～2天控制苗床基质的湿度，不要太干或太湿。起苗时，一手捏住小苗的一片叶，另一手用竹签连根带土将苗挖起。小苗的根系要多保留宿土。

（2）栽植。上盆时，先在盆中放入部分栽培基质至盆深的1/3左右，然后将小苗栽入盆中，加入栽培基质至盆口1厘米处，轻提幼苗，使根系舒展，并震摇花盆使幼苗根系与基质紧密结合，基质低于盆口1～2厘米，留下浇水的

空间。

(3) 摆放。将盆花按方便养护操作的原则摆放整齐。最初 3～5 天要遮阳。

(4) 浇水。上盆完毕，沿盆边小心浇水至盆口，让水自然下渗，过多的水从盆底流出，即表明水已浇透。

3. 换盆

经一个月左右时间的生长，一串红苗的根系在盆内已太拥挤时即需换盆。所换花盆的口径为 15 厘米（5 寸）规格。

(1) 垫盆底。换盆时，先用数块碎瓦片覆盖花盆底部的排水孔，防止盆土流失，以利排水，然后根据苗的大小加入盆深 1/3～1/2 的栽培基质。

(2) 脱盆。换盆前，为了易于脱盆，对原有盆花进行控水，使基质略偏干一些。脱盆时，用手掌轻拍盆边，使盆内基质与花盆振动分离。如果花苗根系生长旺盛，基质与盆内壁紧紧粘住，一时不能脱盆，可把盆倒扣，用掌面盖住盆口，并以食指和中指轻轻夹住根茎部，在桌沿轻磕盆口，使之脱盆。

(3) 上盆。如第一步骤所垫的基质偏多，可取出一些，如偏少则再加一些，将已经脱盆的花苗连同原来的基质一起放入盆中央，扶正，再填入基质，将新填基质稍按实并轻摇花盆，使基质在盆内保持平整，填入的基质应比盆口低 2 厘米左右，保证有一次性足够的浇水空间。

(4) 摆放。将盆花按方便养护操作的原则摆放整齐，注意盆与盆之间叶不要相互重叠。最初 3～5 天要遮阳。

(5) 浇水。沿盆边小心浇水，浇水至近盆口，让水自然下渗，多余的水从盆底流出即表示已浇透水。

4. 水肥管理

(1) 浇水。一串红喜欢微潮偏干的土壤环境。特别是在环境温度较高的情况下，浇水过多，容易发生新叶发黄，植株难以正常开花。在计划花期前 25～30 天应该适当控制浇水，控水的程度是待叶片微微发蔫后再浇水，重复 2～3 次后恢复正常浇水。这样既可以防止花苗徒长，又能起到促进花芽分化的作用。

(2) 施肥。小苗上盆后，每周施 1 次稀薄液肥，但应该根据植株的生长情况来决定施肥，对个别生长较强的植株可适当停肥，对生长势较弱的植株可增加施肥量，以保证花苗的整齐性。对于花蕾发育较慢的植株，可采用每隔 3～4 天叶面喷施 1 次 0.1%的磷酸二氢钾溶液，促进花芽分化。在高温时段，长势减弱，要少施或不施肥。肥料应以有机肥为主。

5. 整形

高秆品种的一串红上盆后，当苗高10厘米左右时，留基部2对叶摘心，促使萌发侧枝。当侧枝长出6～8对叶时，留2对叶进行第二次摘心（可能会进行第三次摘心），以控制植株高度和开花期。经最后一次摘心后，当健壮枝条长至10厘米左右时，进行定芽。一般留5～7个生长健壮、分布均匀的枝条，其余的枝条均抹掉，使植株近圆球状。国庆节开花的一串红应在国庆节前35天左右摘心，时间大约在8月中下旬。

矮秆品种的一串红上盆后，当苗高10厘米左右时，留基部2对叶进行摘心。矮秆品种只行1次摘心即可。五一节开花的一串红，应在五一节前40天左右摘心，即3月中下旬。

三、出圃规格与标准

1. 整体效果

(1) 矮秆品种。茎粗壮，叶肥厚，基部叶完好，覆盖盆面。

(2) 高秆品种。具五个以上开花枝，茎粗壮，节间短；叶肥厚，基部叶完好，覆盖盆面。

2. 品种特性一致

(1) 矮秆品种。具有典型的品种特征。

(2) 高秆品种。具有统一的花色。花序长度基本一致，植株外围的花序长15厘米以上，植株中央的花序长20厘米以上。

实训四十二　羽衣甘蓝生产训练

羽衣甘蓝为十字花科甘蓝属二年生花卉。以观叶为特色，在低温条件下，叶片彼此紧包成球状或扁球状，直径可达40厘米，叶色丰富，叶缘有波状皱褶或平滑之翼。耐寒性较强，开春气温回升后即开始抽苔开花，花黄色，排成圆锥花序。抽苔初期未显花芽时植株呈尖塔状，具有与未抽苔时球状不同的观赏性，花序显现后观赏价值降低。观赏期在冬季和早春。

一、繁殖

1. 储藏种子

如需留种，应进行选种。由于羽衣甘蓝属异花授粉的虫媒花植物，采种母株应注意防止品种间杂交，其同属植物油菜等也属受隔离对象。自然隔离距离应不近于1 000米；或行物理隔离，如采取罩网措施防止昆虫采蜜传粉等。种

子在5—6月间成熟，待角果开始由绿转黄而未开裂时剪下果序，并剪掉果序先端未成熟部分，晾干，去杂脱粒，在充分干燥后，放进种子袋或玻璃瓶中，干燥密闭低温储藏。

如果是引进的种子，播种期尚早的话，则储藏方法同上。

2. 准备繁殖基质和器具

(1) 配制播种基质。播种基质以疏松透气，利于根系伸展即可，可按一定成分和比例配制。常用的基质可用草炭土、园土、人工堆制的腐叶土和腐熟有机肥配制而成。播种基质的参考配方：草炭土4份，腐叶土或山泥5份，河沙1份配制而成。

(2) 做播种床或准备穴盘

1) 做播种床：传统花卉生产多用播种床播种繁殖小苗。在播种前，将准备好的播种基质摊放于专用的繁殖床上，摊平后镇实备用，厚约15厘米。播种床可直接做于高燥的地面，也可做于专供繁殖用的用建筑材料砌成的繁殖床上。

2) 准备育苗穴盘：具有一定规模的花卉生产，多用育苗穴盘播种繁殖小苗。在播种前，选用规格为128目的穴盘，将准备好的播种基质放入穴盘的穴内，基质镇实后上沿留1厘米空间备用。

3. 播种

(1) 常规期播种。羽衣甘蓝行秋播，发芽适温20～25℃，长江中下游流域地区一般在8月下旬露地播种。在有光条件下，约1周发芽出苗。

1) 用播种床播种：播种时将种子直接撒播于床土上。种子要播撒均匀，每平方米播种量为600～700粒，播后覆土厚度以盖没种子为度，用细眼喷壶喷洒浇水，床面盖保湿材料保持床土湿润。

2) 用穴盘播种：将种子点播于穴盘的穴内，每穴播1粒种子，播上种子后覆土至接近穴口平。然后将穴盘置于露地或保护地设施内，注意保湿。

(2) 非常规期播种。如需在元旦应用，由于需要一定的生长期才能达到要求的规格，所以要提前至7月下旬至8月上旬播种。此时在长江中下游流域地区一带尚处于高温期，种子不能正常发芽，小苗不能健壮生长。播种和幼苗生长都要控制温度（降温），所以，宜用穴盘播种育苗。将穴盘置于可控制温度的温室或大棚内管理。在设施条件不具备的情况下，也有采用异地育苗的方法解决温度过高的难题，即在平原地区气温尚高时，在海拔800～1 000米的山地播种育苗，待气温降至适宜时再将小苗运至平原地区培育的播种方法。

4. 繁殖期抚育

播种后，平时应注意观察基质的干湿程度，种子发芽前浇水要适量，以少量多次为原则。种子发芽期适当减少浇水，对培育健壮幼苗有利。当开始出苗后，立即揭掉保湿覆盖物。出苗后白天有阳光时，要用50%遮光网遮阳，傍晚要撤去遮光网。要防止直接雨淋。

出苗后用1 000倍多菌灵防病。待幼苗长出2片真叶后，白天逐步撤去遮光网，并适当控制水分，防止幼苗徒长，追施稀薄的液肥以壮苗。

二、抚育

1. 盆栽基质

盆栽基质与播种基质相似，只是再加入肥料即可。可用草炭土或腐叶土4份，沙土4.5份，过磷酸钙或骨粉0.5份，有机肥1份配制而成。

2. 上盆

生产羽衣甘蓝的盆具一般用泥盆比较理想，泥盆具有吸水透气性能好，有利植物生长和便于养护管理，价格低廉等优点。塑料盆（或营养钵）现在也已普遍使用，色泽多样而质轻，不怕碰撞，方便运输，价格更低，适于大规模生产用，但塑料盆（或营养钵）透气吸水性较差，不利于植物生长，种植时，应选用排水良好的基质，并注意水分管理。

待羽衣甘蓝幼苗长出3～4片真叶时，移入盆中单株培育。小苗上盆时可先选用口径10厘米（3寸）的盆具。

(1) 起苗。苗床上的小苗用小竹签小心挖起，根系尽量多带宿土，随挖随栽，防止根系干燥。穴盘里的小苗，根系已将基质裹住，轻轻挖起连基质一起上盆即可。

(2) 栽植。以播种床上的小苗为例，一手轻捏羽衣甘蓝幼苗的一片真叶，放入盆中央，另一手取培养土，轻轻倒入幼苗四周，并轻提一下幼苗，使幼苗的根系舒展，并处于合适的高度，然后再加足培养土并震摇花盆，使新土与幼苗根系紧密结合。栽植时，小苗的种植深度控制在根茎部与土面平为适度，盆口应留1.5～2厘米的空间作为浇水用。

(3) 摆放。完成上述两步后，将盆花按方便养护操作的原则摆放整齐。最初3～5天要有遮阳。

(4) 浇水。栽植完毕，沿盆边小心浇水至浇透。注意叶面不要沾上基质颗粒。

3. 换盆

当羽衣甘蓝长到7～8枚叶时，即可换盆。所换盆口径为15厘米（5寸）。

（1）垫盆底。换盆时，先用数块碎瓦片覆盖盆底部的排水孔，防止盆土流失，以利排水，根据苗的大小在盆中加入1/5～2/5的栽培基质。

（2）脱盆。计划换盆时，让盆土稍干以便脱盆，可少伤根系，并使原盆土在脱盆时不易碎裂。脱盆时，用掌面盖住盆口，并以食指和中指轻轻夹住根茎部，倒扣花盆，轻拍盆边，让盆内基质与根系自然倒出于手掌上。

（3）栽植。把已脱盆的羽衣甘蓝苗带宿土放入盆正中，扶正，四周加入栽培基质，震摇花盆，轻轻压实新加培养土，盆口留2厘米空间用于浇水。

（4）摆放。将已换好盆的盆花按方便养护操作的原则摆放整齐，注意盆与盆之间叶不要相互重叠。最初3～5天要遮阳。

（5）浇水。沿盆边小心浇水至与盆口齐，让水自然下渗，多余的水从盆底流出即为浇透。

移栽换盆时，通常选择无风的阴天或傍晚进行，因这时没有阳光直射，空气湿度较高，可减少水分的散失，有利植物恢复生长。如果数量大，且要在中午等阳光强烈的条件下换盆，则要在荫棚下进行。

4. 水肥管理

（1）浇水。羽衣甘蓝的小苗生长期正好在8—9月份，此时虽然已是夏末秋初，但气温尚高，中午前后光照依然强烈，水分蒸腾量大，一般早晚各浇水1次。浇水时要把摆放盆花的苗地也浇湿，使在生长中的幼苗有一个凉爽、湿润的小气候环境，是保证小苗健壮生长、正常发育的关键之一。

每天浇水时间，一般应安排在上午10时以前或下午2—4时以后，不能在气温正高、阳光直射的中午前后浇水。因这时盆内的土壤温度高，浇冷水，土温骤降，对植物生长不利。每次浇水一定要浇透，使盆内的土壤全部湿透，不能只是盆表面湿而盆底层仍然是干的。浇水时应控制流水量，不可太急，避免冲走盆内土壤，冲倒植物。

（2）施肥。栽培基质中已经拌入了基肥，但羽衣甘蓝生长量比较大，在生长期间仍应施追肥，一般在小苗上盆成活后就要开始施肥。从小苗上盆恢复生长后施第一次追肥起，以后每隔7天施1次肥，肥料以充分腐熟的饼肥为宜，适当追施磷、钾肥，追肥宜薄肥勤施，防止浓肥大肥。在施肥时不要将肥料浇淋到叶片上，更不要浇到叶丛中央，以免引起肥害。

追肥也可以施干肥或复合肥。施肥前必要的话要先松土，以利肥分迅速下渗，尽快被根系吸收。在生长期间，也可采用叶片追肥。叶面追肥时间以早晨和傍晚为宜。

5. 整形

羽衣甘蓝在生长过程中基部老叶会衰老死亡，叶片有时会遭虫咬，施肥不慎会“烧”坏叶片。一旦出现黄叶或破损叶时应及时摘除，保持良好观赏性。对一些不符合品种特性的单株，如颜色不对，叶不能紧密地卷成球等，应及时淘汰。

盆内可能会有杂草生长，应及时拔除。

三、出圃规格与标准

1. 整体效果

植株匀称、整齐美观，植株直径在20厘米以上，植株与盆的大小相称，盖满盆口并略大于盆口。

2. 叶片质量

叶柄健壮，叶片肥厚有光泽，排列整齐，包裹紧密，叶色符合品种特性，基叶完整，无病虫害斑、无枯黄破损叶。

实训四十三　荷花生产训练

荷花为睡莲科莲属宿根花卉。水生。根状茎（藕）横卧于水底淤泥中。叶大，直径可达70厘米，叶柄盾状着生。花单生，花径大者可达30厘米，花期6—9月份。喜热，15℃以上开始生长，最适温20～30℃。

一、繁殖

1. 保存种源

荷花为宿根水生花卉，立秋前后气温下降时转入藕生长阶段。藕是荷花生于水底淤泥中的肥大地下茎。藕的先端，顶芽几节钻入较深的淤泥中，形成新藕，成为“主藕”。在主藕上分生的支藕称为“子藕”，从“子藕”上再生出的小藕称为“孙藕”。作为种源的藕在长江以南，不管是池塘种植的还是缸、盆种植的均可露地越冬。只是冬季水位不能太浅，防止气温降至0℃以下时冻伤种藕。为了确保安全，可在缸或盆外拢土或用稻草包裹、盆面盖草进行防寒。长江以北应移入室内过冬。种藕如果从外地引入，一时无法栽种，应将种藕移放在避风、遮阳处，上盖保湿材料，保持种藕的新鲜，或将种藕假植在池边、缸内稀泥中。

盆栽碗莲因盆小泥少藕细小，须在严冬来临之前移至室内越冬，预防冰冻造成不必要的损失。

2. 准备繁殖基质和器具

(1) 配制繁殖基质。荷花喜欢肥沃的土壤。繁殖基质以池塘淤泥拌适量有机肥和骨粉配制而成。

(2) 准备繁殖器具。荷花既可以在池塘里繁殖，也可在无底孔的缸、盆中繁殖。

3. 分株

生产上荷花以分株繁殖为主。在池塘里繁殖，一般选取根状茎（主藕）先端2～3节作为种藕。在缸或盆里繁殖，主藕、子藕、孙藕均可用。但种藕应无破伤，每节要有完整的芽。分株时，要保存藕身上的护泥，不能洗净，用利刀将主藕或子藕切成2～3节一段，保留尾节，每段有1～2个芽。要注意的是种藕要带顶芽才能当年开花。

(1) 在池塘里繁殖。清明以后，当气温回升至15℃以上时，先将池塘水放干，淤泥翻整耙平，施足基肥然后栽藕。栽时左手托住藕身，右手握住藕的顶端一节，并用中指保护顶芽，插入淤泥中，深度为淤泥表面下5～10厘米处。使顶芽朝南，以获得更多的阳光，促使藕茎节伸展，快速成苗。1～2日后灌水深至20～30厘米。

(2) 在缸、盆里繁殖。首先在缸或盆里放入准备好的拌有肥料的淤泥，淤泥厚度为30～40厘米，然后栽入种藕，种植方法与池塘里种植基本相似。

二、抚育

1. 水分管理

荷花种藕种植不久时如水深则会通气不良，土温高也慢，所以，水宜浅不宜深。浅水可提高土温，对荷花苗早期生长有利，一般水深有20～30厘米即可。下雨水位提高，浮叶（最初萌生的叶浮于水面，叶片小，叶柄短而柔弱）会被淹没，应及时排水或把缸、盆里过多的水倒掉，恢复原来的水位。荷花长出立叶（稍后萌生的叶，其叶柄长而粗硬）后，应逐步灌水，增加水的深度，一般水深为0.4～1.2米。缸或盆里的水位浅了要及时加水。尤其在夏天，水浅升温快，水温过高会影响荷花生长。碗栽的小品种应每日加水。

2. 施肥

荷花在繁殖初期，由于已施了基肥，一般可不施追肥。在生长季节，池塘繁殖的由于淤泥肥沃，一般不施肥。缸或盆里繁殖的，如荷叶瘦弱发黄，表明已缺肥，应施追肥，一般施充分腐熟的有机肥。方法是将腐熟饼肥，每10～20克，用较厚的马粪纸包住，埋入缸、盆内淤泥的底层，让其与马粪纸一起慢慢腐烂。

3. 除草与整理

种植荷花的池塘会长水草，如空心莲子草、稗草等，对荷花生长有影响，荷花甚至有被“吃掉”的危险，应及时人工清除，也可每亩用25%除草醚1千克加25%敌草隆0.1千克加以药物除草。用药后部分浮叶虽会受到药害，但会迅速长新叶，对生长无明显影响。

缸、盆栽荷花空地上的杂草也应及时清除。缸内易生浮萍、水苔等杂草，也要随时拔除捞起。枯叶、残花应及时剪去，保持盆内花、叶的整洁。

三、出圃规格与标准

1. 整体效果

花形完整、饱满，花色鲜艳纯正，花朵大小和数量正常。花茎有韧性，粗细均匀、挺直。叶色亮绿，清洁，不黄化，外观新鲜。藕（地下茎）无病虫害、无缺损。

植株与盆的大小相称。

2. 品种特性一致

生长正常，花期、花朵大小一致，表现出固有的品种特性。

实训四十四　美人蕉根状茎生产训练

美人蕉为美人蕉科美人蕉属宿根花卉。根状茎多肉有分歧。叶大形互生。聚伞花序，花大而美丽。花期6—10月份。美人蕉以根状茎配植于园林绿地，所以，生产美人蕉根状茎以供应绿化所用。

一、繁殖

1. 保存种源

美人蕉冬季地上部分枯死，以根状茎越冬。长江以南可露地越冬，冬季将经霜枯萎的地上部分剪掉，堆土20厘米保护越冬；长江以北地区由于温度较低，需掘起室内储藏越冬，当地上部分枯萎后，将根状茎掘起，堆放于通风的室内，干藏越冬。

2. 分栽根状茎

(1) 准备繁殖床。美人蕉喜肥，喜高燥，在准备繁殖床时应施基肥，基肥用腐熟有机肥为主，施肥量300千克/百平方米，于耕地前均匀摊撒于地面，结合耕地翻入土中。冬季对圃地进行翻耕，翻耕深度40厘米，经冬季自然冰

冻后，于栽种根状茎前半月进行平整，做成宽 1.2 米的苗床，床面高 15 厘米。

(2) 处理根状茎。于 3—4 月份美人蕉发芽前，掘起或取出储藏的根状茎，将根状茎切成 15 厘米左右的小段，每段带芽 2～3 个。待切口稍晾干后种植。

(3) 种植时间。春季 3—4 月份。

(4) 种植

1) 株行距：株距 30 厘米，行距 30 厘米。

2) 种植深度：将根状茎竖直种植，顶端距地面 10 厘米左右，覆土后按实，浇 1 次定根水。

二、抚育管理

1. 水分管理

(1) 浇水。根状茎定植后，保持苗床湿润，但土壤水分不能过多。如土壤干燥，则于上午 10 时前或下午 3 时后浇水。

(2) 排水。雨季如圃地有积水，应及时排水。

2. 施肥

5 月份起进行追肥，每半月 1 次，肥料以腐熟有机肥为主，9—10 月份增施磷、钾肥，促进植物体内物质转化，有利根状茎成熟。

3. 松土

雨后或浇水、施肥后，如土壤板结，应及时松土，使土壤疏松透气，有利根系生长。

4. 除草

在美人蕉苗的间隙会生长大量的杂草，杂草生长会与苗争肥。所以，在生长期需及时除草，通常需除草 3～4 次。

5. 修剪

(1) 剪花。以生产根状茎为目的，当美人蕉抽葶后，为了使体内养分能集中供应根状茎生长所需，应及时剪去花葶。

(2) 剪枯叶。经霜地上部分枯萎后，剪去枯叶，覆土 20 厘米，保护越冬。

如不出圃，种植 2 年后宜重新分栽 1 次，方法如前。

三、出圃规格与标准

根状茎无病虫害，生长健壮。

出圃时将根状茎切成带 2～3 个芽、15 厘米左右的小段。

实训四十五　石蒜种球生产训练

石蒜为石蒜科石蒜属鳞茎花卉，有红花品系、黄花品系、白花品系和复色品系的十余种。鳞茎宽椭圆形或近球形，外皮紫褐色。夏季休眠，入秋恢复生长，先抽苔开花，花期8—9月份，花后抽叶生长，直到来年入夏时叶片枯萎进入休眠。叶细带状，先端钝圆。伞形花序，有花4～9朵，花大而美丽。石蒜喜温暖、通风、半阴环境；宜排水良好、沙质的土壤。石蒜以鳞茎配植于园林绿地，所以，生产石蒜鳞茎以供应绿化所用。由于各种石蒜从营养体难以区分，因此，在花期要对石蒜种类做好标记，以免造成品种混杂。

一、繁殖

1. 保存种源

石蒜地上部分夏季枯死，以鳞茎越夏。当地上部分枯萎后，将鳞茎掘起，按大小进行分类，分类堆放于通风的室内，干藏越夏。达到规格的鳞茎球作为商品出售，不达规格的小鳞茎作为来年生产的种源。

2. 种植鳞茎

（1）准备繁殖床。繁殖圃地宜选高燥之地。在准备繁殖床时应施基肥，基肥用腐熟有机肥为主，施肥量300千克/百平方米，于耕地前均匀摊撒于地面，结合耕地翻入土中。于栽种鳞茎前半月耕地，翻耕深度30厘米，做成宽1.2米的苗床，床面高15厘米。苗床上方搭荫棚架，高度离地2米。

（2）种植时间。7月份种植。

（3）种植

1）株行距：株距10厘米，行距20厘米。

2）种植深度：将鳞茎竖直种植，顶端距地面2～3厘米左右，覆土后按实，浇1次透水。

二、抚育管理

1. 水分管理

（1）浇水。鳞茎定植后，保持苗床湿润，但土壤水分不能过多。如土壤干燥，则于上午10时前或下午3时后浇水。

（2）排水。雨季如圃地有积水，应及时排水。

2. 施肥

石蒜抽叶出土后进行追肥，每半月1次，肥料以腐熟有机肥为主，9—10

月份增施磷、钾肥，促进植物体内物质转化，有利鳞茎生长。10月下旬至11月上旬停肥。春季3月起恢复施肥，至5月下旬停肥。

3. 松土

雨后或浇水、施肥后，如土壤板结，应及时松土，使土壤疏松透气，有利根系生长。

4. 除草

在石蒜苗的间隙会生长大量的杂草，杂草生长会与苗争肥。所以，在生长期需及时除草，通常需除草3～4次。

经一年培育，至翌年6月叶片枯萎时，起掘种球。掘起的鳞茎，符合要求的出圃，小鳞茎继续培养。

三、出圃规格与标准

鳞茎无病虫害，生长健壮。

鳞茎直径2厘米以上。

第三节　草坪草生产

草坪草是园林植物的重要组成部分，在城市绿化和改造环境方面与树木和花卉一样，具有重要的作用。学生在学习园林植物生产技术时，草坪草生产技术也应该切实掌握。

生产草坪草（草皮卷）的主要方法是种子繁殖和营养繁殖。选择使用哪种繁殖方法依费用、时间要求、能否得到纯种的植物和草的生长特性而定。种子繁殖费用最低、省工，但速度较慢。营养繁殖包括直栽、插枝和播匍匐茎。大部分冷季型草能用种子繁殖法来生产草皮卷，只有几个草地早熟禾和匍匐翦股颖栽培品种例外，因为它们不能用种子生产出保持原来性状的草皮，只能用营养繁殖。暖季型草中，假俭草、斑点雀稗、地毯草、野牛草、普通狗牙根以及杂交狗牙根均可用种子繁殖法来生产草皮卷，但通常是用营养繁殖法来生产。

一、播种

1. 场地的准备

包括各种清理工作，同时还有耕作、整地、土壤改良、施肥及排灌设施的安置等。在10厘米表层土壤中，小石块可影响以后草坪的耕作管理（如打孔等），还会影响草根生长，草根生长受阻的地方，还会促使杂草侵入。通常在种植前，大部分石块要用耙清除。如果石块的量不是太多，等幼苗根系扎牢后用手拣或用耙移走；若石块太多，种植前可用筛子筛出。要特别强调的是，圃地一定要平整，以便草皮起掘时能带土均匀。

2. **选种及种子处理**

应当选择发育充实，粒大而生活力强，有较高的发芽率和发芽势的优良种子。一般要求纯净率 90% 以上，发芽率在 80% 以上。

播种前需进行种子处理，通过种子处理达到：一是加快发芽速度，二是提高发芽率，三是对种子进行消毒。通过种子处理实现早出苗、多出苗、出好苗、出齐苗的目的。常用的、简便易行的种子处理方法有：

（1）晒种。晒种有利于改变果皮、种皮的通透性和促进气体交换，有利于吸收水分和呼吸作用，使种子内部的能量释放与物质转化活跃，从而促进发芽。而且也有一定的消毒效果。通常种子摊铺在匾内，厚约 5 厘米，晴天阳光下暴晒 4～6 天，每天翻动 3～4 次；若无匾，可摊晒于泥场上，但不宜在水泥场上晒种，以免升温过高烫死种子。

（2）石灰水浸种。1% 石灰水浸种是一个既可对种子表面消毒，又可加速发芽，提高发芽率的方法。按重量比称 1 份新鲜石灰（CaO），加 99 份水（注意，先加入少量的水调成糊状，再加水至足量，搅拌，澄清，取上面澄清液浸种）。种子要被石灰水淹没，石灰水表面所结的膜注意不要破坏。24 小时后取出，用清水反复淘洗，至水清为止。摊晾至种子表面无明水、种子相互分离不黏结，即可播种。若摊晾时发现种子破嘴、露白，可以摊得再薄些，加速晾干，迅速播种。请注意浸入石灰水前宜用清水淘净，沥干。这样浸入石灰水，种子就不会浮起。最好装袋浸种，种子占整个口袋容积的 1/2，既能保证浸透，又方便取出。播种时，若土壤干旱，播后至少浇 1 次透水，以免反渗透烧种回芽。

（3）催芽。草坪草种子催芽可分两类：一类，例如结缕草属各个种，是必需的。若不催芽，其发芽率≤24%，甚至是零。另一类，则是为了快发芽和发芽整齐。催芽通常以浸种完毕为起点，将吸足水的种子沥干后堆放，上覆编织袋等物以减少水分蒸发。种子堆放时要插一只温度计于种子堆中心以观察温度。若温度≥35℃，则需翻堆。翻堆时看到水分不足，应洒水，以不淌水为度。当发现种子“破口”“露白”之际，特别需要注意温度变化与翻堆、补水。此时一旦疏忽，极易“烧坏”种子！当破嘴、露白的种子≥80% 时，及时摊晾，至表面干燥，即可播种。遇雨则继续摊晾，即使根、芽发齐，只要长度≤1 厘米，于播种均无大碍。经催芽的种子播入土中后，要求土壤具有足够的墒情，墒情不足，应灌溉而后播种或播种后即行浇水，以免“烧”芽。

(4) 药剂拌种。药剂拌种的主要目的是防治猝倒病等苗期病害。通常应用多菌灵可湿性粉剂拌种，用量为（有效成分 100%计算）种子重量的 0.2%～0.3%，药量少，拌不均匀，可以增加翻拌时间，或将农药先与细土拌匀后再与种子拌匀。托布津、福美双、代森锌、敌克松、纹枯利、萎锈灵、菲醌等农药也可用于药剂拌种。

各品种草坪草种子特性详见表 3—1。

表 3—1　常见草坪草种子特性表

草种名称	千粒重（克）	最低纯净度（%）	最低发芽率（%）	播种量（克/米^2）	出齐苗天数（天）	适宜温度（℃）	修剪高度（厘米）	种植季节（月）	用途
细弱翦股颖	0.057～0.091	98	85	4～10	14～18	15～30	0.7～5	3—5 9—11	绿地、观赏草坪
匍匐翦股颖	0.065～0.076	98	85	4～10	14～21	15～30	0.7～5	3—5 9—11	绿地、观赏草坪
草地早熟禾	0.227～0.477	95	85	10～15	10～28	15～30	3～5	3—5 9—11	绿地/与高羊茅混合用于运动场
粗茎早熟禾	0.216	95	80	5～10	14～18	11～30	3～5	3—5 9—11	暖季型草冬季补播用
紫羊茅	0.825	95	80	20～30	18～21	15～25	2.5～6.4	3—5 9—11	与其他草种混合用于运动场/水土保持
高羊茅	2.061	95	85	30～40	14～21	20～30	4.3～7.6	3—5 9—11	绿地/运动场/高尔夫球场障碍区/机场/固土护坡
多年生黑麦草	1.998	95	90	20～35	7～10	20～30	1.3～3.8	3—5 9—11	暖季型草冬季补播
巴哈雀稗	2.268	70	70	20～40	7～21	30～35	3.8～6.4	5—9	固土护坡
狗牙根	0.239	95	80	10～15	10～20	20～35	0.3～7.6	5—8	运动场/绿地/固土护坡

续表

草种名称	千粒重（克）	最低纯净度（%）	最低发芽率（%）	播种量（克/米²）	出齐苗天数（天）	适宜温度（℃）	修剪高度（厘米）	种植季节（月）	用途
结缕草	0.454	90	45	10～20	14～35	20～35	5.1～10.2	6—8	运动场/固土护坡
地毯草	0.378	90	85	15	10～20	20～35	1.9～5	5—8	运动场/绿地
假俭草	0.907	45	65	2～5	10～20	20～35	1.3～2.5	5—8	运动场/固土护坡
白三叶	0.5～0.7	98	85	5～15	10～20	19～24		3—5 9—11	改良土壤/固土护坡/绿地/机场
马蹄金		98	85	5～9	10～20	20～30		3—5 9—11	绿地/庭院/水土保持

3. 播种时间

暖季型草坪草必须在春末至夏初播种；冷季型草坪草一年四季均可进行播种，但最好在秋季和春季播种。

4. 播种量

播种量取决于种子质量、混合组成和土壤状况。确定播种量的最终标准是以足够数量具有活力的种子来确保单位面积幼苗的额定株数。播种所遵循的一般原则是要保证足够量的纯活种子，每平方米出苗 1 万～2 万株。根据这项原则，草地早熟禾的播种纯活种子为 72%（纯度 90%，发芽率 80%），1 千克有 4×10^6 粒种子时，每 100 平方米应播种 0.36～0.72 千克种子。这个计算是假定所有的纯活种子都能出苗。但是，根据种子的质量和播后的环境条件，苗的致死率可达 50%或更多。因此，每 100 平方米要播 0.97 千克以上才能达到要求的出苗数。

5. 播种方法

一般采用撒播法。经过校正的施肥机可适用于小面积草坪定量播种。由于下落式播种机播种时受风速及种子大小的影响小，而优于旋转式撒布机。大面积播种最好使用大型播种机。它是由拖拉机牵引的，不但能把种子均匀撒布，还能在播后压紧坪床。

6. **播种的抚育管理措施**

草坪草的播种是把大量的种子均匀地撒于播种床表面的过程。种子播下后，要完成以下抚育管理措施：

(1) 盖籽。盖籽的目的是使土壤与种子充分结合，增加种子吸水面积，避免阳光直晒而灼伤。对于不同质地的土壤，盖籽的方法有所不同：沙壤土的土壤结构理想，播种后经浇水即可达到自然盖籽的效果；沙土地区，土质细，播种后种子基本外露，要用滚子适当轻压兼初步盖籽，再浇适量水后（以湿润土表 1～2 厘米为宜，水量以不冲起种子为合适），然后用小铁耙单向轻耙，起到很好的盖籽作用；黏土地或土壤质地差、空隙度大的坪床，播种后不宜耙土盖籽，以免产生深籽，应覆一层无病、虫、草害的细土或细沙以达到盖籽的目的。

(2) 浇水。播种前 24～48 小时大水浇灌一遍，待坪床干燥，用钉耙重耙后再播种，以免播种后大量浇水造成冲刷和土壤板结。这样播后浇水即可少量多次。到出苗前做到勤灌水保持土面湿润，要求喷水强度小，以雾状为宜。

苗期不能用高强度的喷灌，避免幼苗创伤，也不能在坪床表面上造成局部积水。苗期以后，要适当控制浇水次数，适当蹲苗，协调土壤水、气，促进分枝、分蘖和根系扩展。调整地上部与地下部的生长比例，蹲苗还可预防病害。夏季温度较高时，中午不要浇水，以免温度突变，根系吸水障碍引起烧苗。最好在清早或傍晚浇水。南方多雨地区不能浇水过多，否则易感染病害。由于大雨或灌溉量过大或灌溉方式不当，造成土表全部或局部板结，影响种子萌发和已出土幼苗的生长，要及时用铁耙松土，将板结的土壳破除。随着幼苗逐渐长大，浇水的次数可逐渐减少，但每次浇水量要相应增大。

(3) 覆盖。覆盖的目的是稳定土壤中的种子，防止暴雨或浇灌的冲刷，避免地表板结和径流，使土壤保持较高的渗透性；预防大风使匀播的种子不匀或流失；调节坪床地表温度，夏天预防幼苗暴晒，冬天可增加坪床温度，促进发芽；保持土壤水分；促进生长，提前成坪；减少病虫侵染为害。覆盖材料有地膜、无纺布、遮光网等，也可以就地取材，用农作物秸秆，如稻草、麦草等。一般早春、晚秋后低温时期播种时需要覆盖，用以提高土壤温度，促进发芽和发芽整齐。要注意的是在覆盖前要先浇足土壤水，确保种子发芽所需的土壤含水量。

(4) 揭除覆盖物。待出苗整齐后，选择适宜天气，如阴雨天，揭除覆盖物。

(5) 除杂草。苗期首要的问题是及时清除杂草，杂草生命力比种植草强，要及时清除，不然它会竞争吸收土壤养分，抑制种植草的生长。除草时必须连根将杂草彻底清除。杂草防除质量标准：圃地中没有明显高于 15 厘米的杂草，15 厘米内的杂草不得超过 5 棵/平方米。没有明显的阔叶杂草。

草坪草繁殖后根据天气情况适当喷水，保持土壤潮湿。草地早熟禾各品种一般经

8～12 天出苗，高羊茅、黑麦草经 6～8 天出苗。出苗后一般经 45～55 天可成坪出圃。

7. 起掘出圃

草皮出圃要求、起掘方法详见本书第二章第四节相关内容。

二、撒根状茎

撒根状茎法主要用来生产有匍匐茎的夏绿型草坪草，但也能用于匍匐翦股颖等冬绿型草坪草。此法在地上部分返青前的早春进行最为适宜，其他季节也可繁殖，但在冬季严寒时，由于草坪草生长停止、土壤冰冻，不做撒根状茎繁殖。

撒根状茎时，应选择粗壮、节间短、无病虫害的植株作繁殖体用，每 3～4 节切为一段，将种茎均匀地撒播于地面，然后覆土。保持土壤湿润，5～6 天可生根成活，30 天左右长出新匍匐茎。由于匍匐茎完整覆盖整片圃地需要一定的时间，所以，撒根状茎繁殖的草坪从繁殖到出圃的抚育管理时间要比播种繁殖的草皮长，而各项抚育管理措施与播种的草坪草是相似的。

实训四十六　地毯式草皮卷生产训练

将草坪草种子播于土壤上，待成坪后铲起，卷成草皮卷，运往工地铺建草坪立即成坪。这种用自然土壤生产草皮卷的方法要消耗大量的表土，而且草皮卷很重，运输相当困难，对环境保护也十分不利。而用有机介质代替土壤生产草皮卷是草皮生产的趋势，这种利用有机介质生产的草皮卷杂草少，根系能充分伸展，移植不断根，很快就能恢复生长。最重要的是重量轻，易于搬运，而且不消耗肥沃表土，有利于环境保护。本技能训练以后者为训练对象。

一、准备播种基质

由于不用铲去一层土壤，因此整地的要求可低一点，只需将整块圃地整平即可。用塑料薄膜等承载播种基质，基质厚度 3～5 厘米，边缘用砖块垒起，使基质厚度均匀。播种基质要求用土壤和有机肥料和可作种肥的化肥配成。注意基质中要没有杂菌污染，并且没有杂草种子。

二、播种

人工播种或机械播种。把种子均匀播于基质上，耙平，使种子均匀下沉到 1 厘米土层中，镇压。也可播完种子后覆土，厚度小于 1 厘米，然后镇压。为减少水分蒸发，覆盖保湿覆盖物。

三、灌溉

使用喷灌，水滴要均匀，以防种子被冲走。发芽初期要保持苗床湿润，保证发芽质量。

四、除草和修剪

本着除早除小的原则，随时拔除杂草。出圃前注意修剪1～2次，剪后适当镇压。

五、起草皮

直接卷起塑料薄膜上的草皮卷，即可出圃。

地毯式草皮卷生产周期比较短，可以在1个月左右时间内完成整个生产过程。训练用草坪草种子由教师提供。训练前，学生应掌握生产的过程，在教师的指导下制订训练计划，按计划进行实际操作练习。在整个生产过程中，学生应进行草坪草生长的记录，掌握草坪草生产过程和生长规律。完成训练后，教师应对学生的练习过程和结果进行评估。

实训四十七　结缕草草皮卷生产训练

结缕草有坚韧的地下茎及地上匍匐枝，并能节节生根及节部分生新的植株。适合播根状茎繁殖。结缕草适应性较强，喜阳光及温暖气候，耐高温、干旱但不耐阴，与杂草有较强的竞争能力。利用其匍匐枝优势，可迅速形成纯草层。适于在深厚、肥沃、排水良好的沙质壤土中生长。形成的草坪耐磨，耐践踏，并具有良好的韧性和弹性，适于足球场、棒球场、草地网球场、跑马场等高质量运动场地和一般园林绿化及公路护坡等栽植。

一、繁殖

1. 时间

撒根状茎繁殖时间是有地域性的。我国大致上可以黄河、五岭山脉为界分成三大片。黄河以北，可以在当地的春季或雨季进行。黄河以南，五岭山脉以北，宜在当地春季至雨季为佳。五岭山脉以南，全年进行，但以雨季为佳。

2. 坪床准备

撒播前首先翻耕圃地，深度为20～25厘米，打碎土块结合平地，在低洼处填土。施含有氮、磷、钾的复合肥料80克/平方米。播种之前测试土壤pH值，根据测试结果调节土壤pH值，使pH值为6～6.5。

3. 采集种植材料

应选择纯净、均一、生育正常、无病虫害、人工栽培的成熟草坪（一般以二年生者为好）。传统方法是锄、刨或铲，获得母本草坯小片，将小片翻身，随即敲打去土。撕碎或切碎，撕比切好，一般撕或切成3厘米左右，具2个节以上为好。播种材料采集后应注意防止脱水干枯。

4. 撒播方法

先将整好的圃地划分成若干块，再将采集好的根状茎种植材料也分成与地块相同的份数，每份材料播一块土地。将圃地和繁殖用根状茎均分为若干份的目的是为了使整块圃地上的播撒量保证是均匀的。将圃地和根状茎分好后，进行均匀抛撒，撒完后用细土覆盖。

5. 成活管理

用营养繁殖的方法生产草皮卷，成活的关键在于根状茎及时产生不定根，只有在苗根普遍发生，得到生长发青之后，才是真正地成活了。

(1) 灌溉。撒播完毕，浇透水1次。然后等土白（指土表面干到发白）即灌，少量多次。维持土壤灰色（指土表面颜色发灰），干湿适度。5～7天后开始发根，生长正常，即始立苗。立苗后，继续维持这种灌溉方式与量，至一半以上新苗长出2～3片新叶，则苗根不仅发生，而且生长比较正常。连续早晨观察3～4天。若气候正常，都可以看到吐水现象，可以开始蹲苗。可适度地人为干旱，促使幼苗扎根，调节根冠比。

(2) 施立苗肥。目测立苗数已达到或超过一半，可追施立苗肥。其目的是立好苗和促进苗根生长。肥料量不必多，但要精。理想的肥料组合是尿素：磷酸二氢钾=1∶1，此配方氮、磷、钾含量适宜，配成0.1%～0.2%的水溶液，结合喷灌进行喷洒。施混合肥料的量为2～2.5千克/百平方米水溶液。

二、成活后管理

1. 间苗、补苗

间苗、补苗的目的在于匀苗，播根状茎时常发生出苗不均匀的现象，稀处易长杂草，密处苗挤苗，当有3～4片绿叶伸展时，壮苗就被挤成了瘦苗。因此要移密补稀，一般在三叶期前进行1～2次。间苗、补苗，比较费工，所以，应尽力提高播前整地质量和撒播均匀度，减少间苗、补苗的工作量。

2. 灌溉

结缕草撒播成活后，需水量极少。成坪后，应根据草坪的生长状况来决定其浇水次数和数量。

3. 施肥

出苗后30天左右进行第二次追肥（立苗肥作为第一次追肥），有利于草坪草生长。如果土壤肥沃，几乎不用施肥。

4. 修剪

结缕草草皮的修剪次数较其他品种的草坪草少。成活后当草坪草长至7厘米时开始修剪，成坪后修剪1次，一般在全日照条件下最佳修剪高度为3.5～5厘米，遮阴处为5～6.5厘米。

5. 病虫害防治

结缕草一般无病虫害发生，可在春季略施杀菌剂预防病害。对结缕草危害最严重的病害是褐斑病，夏季是褐斑病的高发期，严重时可能会毁坏整个草皮卷圃地。锈病也时有发生。蛴螬和象鼻虫是结缕草草皮卷生产圃地的两大主要害虫，要注意控制。

6. 防除杂草

防除杂草是草皮卷生产初期的关键，当出现杂草时要及时清除杂草。一旦成坪以后，结缕草的侵占性极强，其他杂草很难侵入。

三、起掘出圃

经60～90天的抚育管理，草已长密即可出圃。起掘草皮方法为：将草皮切成宽30～40厘米、长1米左右长的草皮块出圃。

在进行结缕草草皮卷生产训练时，根状茎材料由教师提供。训练前，学生应掌握生产的过程，在教师的指导下制订训练计划，按计划进行实际操作练习。在整个生产过程中，学生应对结缕草的生长情况进行记录，掌握生产的过程和结缕草的生长规律。完成训练后，教师应对学生的练习过程和结果进行评估。

实训四十八　高羊茅草皮卷生产训练

高羊茅又叫苇状羊茅、苇状狐茅，为冷季型草坪草，属禾本科羊茅属多年生草本植物。适应性强，最适生长区为年降雨量450毫米以上和海拔1 500米以下温暖湿润地区。抗逆性突出，耐寒、耐热、耐践踏和抗病力强，夏季不休眠；耐干旱、耐涝、耐酸、耐盐碱，性喜光又耐阴，不耐低剪。在pH值为4.7～9.0的土壤上都能生长，最适宜的pH值为5.7～6.0。在质地疏松、富含腐殖质的土壤上生长良好，在肥沃潮湿的黏重土壤上生长茂盛。一般养护管理较粗放。被广泛应用于园林绿地、高尔夫球场等运动场和用于水土保持等。

一、繁殖

1. 准备坪床

因高羊茅的种子细小，在播种前，根据土壤状况，清除土壤表层0～30厘米中的杂物，然后仔细平整土地，以得到一块疏松、透气、平整、排水良好、适于高羊茅草生长的坪床。若土壤贫瘠，要施用有机肥或复合肥增加肥力。

2. 播种与成坪

播种可在春秋两季进行。播种量：30～40克/平方米。播种量随品种、地区、时间、用途的不同而略有差别。播种前1天浇透水，次日在表土半湿半干的情况下，把种子用播种器均匀地撒播在坪床表面。为了获得健壮的幼苗，播种时也可带少量的种肥。播种后，表面覆上表土或轻耙后镇压，以不露出种子为宜。播种后保持土壤湿润，盖塑料薄膜可更有效地保湿。7～14天可出苗，出苗后应注意防除杂草。

二、抚育管理

1. 施肥

草坪型高羊茅需肥不多，肥水太多，会滋生病害。在北方春季施肥，南方秋季施肥，化肥和有机肥均可。一般土壤全价化肥的施用量为15～20千克/亩，氮∶磷∶钾的比例控制在5∶3∶2为宜。

2. 修剪

草坪型高羊茅适宜的留茬高度为3.8～7.6厘米。原则是每次剪去草高的1/3。在生长旺盛期要定期修剪。如果草长得过高，可以通过多次修剪达到理想的高度。对草皮卷生产圃地进行频繁修剪，可促进草的分蘖，增加其密度、平整度和弹性，增强耐磨性，提高草皮卷质量，进而延长草坪的使用寿命，而且抑制杂草的生长。每次修剪应改变方向，以促进草的直立生长。

3. 灌溉

在生长期间，应适时灌水。浇水应避开中午阳光强烈的时间，最好在清晨浇水，浇水时应至少湿透5厘米表土层。

三、起掘出圃

经60～90天的抚育管理，草已长密即可出圃。起掘草皮方法为：将草皮切成宽30～40厘米、长1米左右长的草皮块出圃。

在进行高羊茅草皮卷生产训练时，训练用种子由教师提供。训练前，学生

应掌握生产的过程，在教师的指导下制订训练计划，按计划进行实际操作练习。在整个生产过程中，学生应进行高羊茅的生长情况记录，掌握生产的过程和高羊茅草的生长规律。完成训练后，教师应对学生的练习过程和结果进行评估。